U0298982

刘志毅 著

具身智能

中国出版集团

中译出版社

图书在版编目（CIP）数据

具身智能 / 刘志毅著 . -- 北京：中译出版社，
2024.7

　　ISBN 978-7-5001-7882-8

　　Ⅰ . ①具… Ⅱ . ①刘… Ⅲ . ①人工智能 Ⅳ .
① TP18

中国国家版本馆 CIP 数据核字（2024）第 094088 号

具身智能
JUSHEN ZHINENG

著　　者：刘志毅
出 版 人：乔卫兵
策划编辑：朱小兰
责任编辑：朱小兰
文字编辑：朱　涵　刘炜丽　苏　畅　王希雅　王海宽
营销编辑：任　格　王海宽
出版发行：中译出版社
地　　址：北京市西城区新街口外大街 28 号 102 号楼 4 层
电　　话：（010）68002494（编辑部）
邮　　编：100088
电子邮箱：book@ctph.com.cn
网　　址：http://www.ctph.com.cn

印　　刷：山东新华印务有限公司
经　　销：新华书店
规　　格：710 mm×1000 mm　1/16
印　　张：21.25
字　　数：220 千字
版　　次：2024 年 7 月第 1 版
印　　次：2024 年 7 月第 1 次

ISBN 978-7-5001-7882-8　　　　　定价：89.00 元

重磅推荐

　　《具身智能》是一部集深度与广度于一体的学术作品，它深刻地剖析了人工智能的核心原理，并将其与生物学、心理学和认知科学等领域的理论进行了巧妙的融合。书中对于自由能原理的探讨，不仅为理解大脑如何处理信息提供了新的视角，也为设计能够自我学习和适应的智能系统提供了理论基础。此外，书中对空间智能与具身智能整合策略的分析，为智能机器人的设计和开发提供了新的技术路径，对于该领域的研究者和开发者来说，本书无疑是极具价值的参考资料。

——张平，中国工程院院士，北京邮电大学教授

　　《具身智能》是一部对人工智能未来发展趋势进行深入分析的学术著作，作者在书中提出了一系列创新性的理论框架和方法论，特别是在探讨感知与行动统一性原理方面，为智能系统的设计和实现提供了新的科学依据。书中对于贝叶斯方法和预测加工理论的思考，展示了如何在不确定性环境中进行有效推理和决

策。此外，本书对于空间智能的理论前沿与技术进展的讨论，为智能系统在复杂三维空间中的交互和操作提供了新的解决方案。本书对于希望在人工智能领域取得突破的研究者和工程师来说，是一本极具启发性和实用性的参考书。

——焦李成，欧洲科学院外籍院士，西安电子科技大学计算机科学与技术学部主任、人工智能研究院院长

在《具身智能》一书中，作者提出了一个多维度的理论体系，将贝叶斯方法、预测加工理论、主动推理以及自由能原理等概念交织在一起，为我们提供了一个全新的视角来理解智能体如何与世界互动。书中对智能体的决策过程、学习和适应机制的深入剖析，不仅对学术研究具有重要价值，对于产业界的研究和开发工作也有重要的指导意义。特别是对于那些致力于开发高级具身智能和通用人工智能系统的研究人员，本书提供了丰富的科学依据和技术支持。

——米磊，中科创星创始合伙人，"硬科技"理念提出者

《具身智能》是一部探讨人工智能与自然智能融合的通识佳作，作者以热力学中的自由能原理为解释工具，详尽阐述了其在智能系统设计中的应用。本书有助于读者理解智能体如何在复杂环境中感知、行动和学习来最小化不确定性，对于认知科学、人工智能和神经科学领域研究者而言具有重要参考价值。

——肖仰华，复旦大学教授，上海市数据科学重点实验室主任

在《具身智能》中，作者巧妙地将复杂的科学概念与我们的日常生活联系起来，让我们得以一窥未来智能科技如何与人类更加自然地互动。书中对空间智能的讨论尤其引人注目，它不仅关乎技术的进步，更关系到我们如何在数字化时代中重新定义人与环境的关系。无论是科技爱好者还是对人工智能充满好奇的普通读者，都能从本书中获得启发，理解智能科技是如何让生活变得更加精彩和便捷的。

——肖俊，教育部"长江学者奖励计划"特聘教授，

浙江大学人工智能研究所副所长

《具身智能》一书是探索人工智能与人类身体智能融合的开创性著作。作者深入挖掘了具身智能的科学奥秘，将复杂的神经科学理论与人工智能实践相结合，为读者呈现了一个多维度、跨学科的智能系统研究视角。书中不仅讨论了自由能原理在人工智能中的应用，还涵盖了从感知到行动的全方位智能行为。对于对人工智能的未来发展充满好奇的读者，本书提供了全面而深刻的科学之旅。

——王仲远，北京智源人工智能研究院院长

《具身智能》一书是理解人工智能新浪潮的关键读物。作者在书中精辟地阐述了自由能原理如何成为连接生命科学和人工智能的桥梁，以及这一原理如何助力构建更加智能和自适应的系统。书中内容跨越了从基础理论到实践应用的广泛领域，不仅为

学术界提供了深刻的洞见，也为业界提供了创新的灵感。无论是科技行业的专业人士，还是对探索人类心智与机器智能交互的奥秘充满热情的读者，都将从本书中获得宝贵的知识和启发。

——何召锋，北京邮电大学科学技术研究院副院长，

人工智能学院教授、博士生导师

在《具身智能》中，作者以前瞻性的视角，为我们揭示了人工智能技术发展的下一个重大方向——具身智能。可以说，具身智能是实现通用人工智能的必由之路。书中详细讨论了空间智能的理论前沿与技术进展，以及如何将这些理论应用于构建能够理解并有效交互于复杂三维世界的智能系统。本书不仅为技术专家提供了实现高级机器自主性的技术路线图，也为对人工智能未来趋势感兴趣的读者提供了深刻的洞见。

——王强，腾讯研究院资深专家，前沿科技研究中心主任

《具身智能》一书为我们从人工智能研究领域透视未来智能社会提供了洞见，并打开了一个深邃的世界。在神经科学、数学、物理学、生物学与人工智能科学对话的过程中，我们可以享受跨学科碰撞的精彩火花。作者在书中以丰富的类比、隐喻和深入浅出的讲述，将人工智能学术前沿的思想大餐带到读者眼前。从身体、智能两大维度关系出发，作者以哲学视角阐释了具身智能的技术演进历史与现实。

——陈楸帆，科幻作家，耶鲁大学访问学者

导　读

"我错了，我真的错了。我不该创造你，更不该让你承受这样的痛苦。"

——玛丽·雪莱《弗兰肯斯坦》

科学怪人的创造者弗兰肯斯坦对科学怪人的忏悔

具身智能的崛起、后果和意义

（一）

在人工智能一波又一波的浪潮中，经过人工智能嵌入的具身智能（Embodied Intelligence）异军突起，正在成为人工智能科技体系的集大成者，在收割人工智能的各类成果中全面崛起。而在具身智能的背后，正在走来的是一个将与碳基人类并存，很可能凌驾于碳基人类的新物种。可以这样想象，具身智能所体现的新物种，如同金庸笔下的"九阳神功""吸星大法"那种超自然奇幻力量，贯通武学至理，成就永恒的"金刚不坏之躯"。

在 2024 年，思考被人工智能改造的具身智能，具有科技、学术和现实意义。正是在这样的背景下，刘志毅撰写的《具身智能》一书的出版，恰逢其时。

（二）

关于具身智能的理论，源远流长，至少可以追溯到认知主义、计算主义和勒内·笛卡尔（René Descartes，1596—1650）的二元论。以埃德蒙德·胡塞尔（Edmund Husserl，1859—1938）、马丁·海德格尔（Martin Heidegger，1889—1976）和莫里斯·梅洛–庞蒂（Maurice Merleau-Ponty，1908—1961）所代表的现象学家为具身智能理论做出了重要贡献。莫里斯·梅洛–庞蒂有一个极为清晰的观点：身体是存在于世界上的载体，对于一个生物来说，拥有身体就是拥有在一个确定的环境的中介。[1]

具身智能的思想演进如图 0.1 所示。

---

[1]　Merleau-Ponty M. *Phenomenology of Perception* [M]. London: Routledge, 1962.

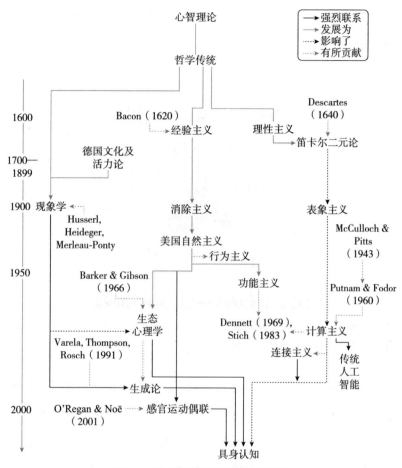

图 0.1　影响具身认知发展的历史沿革

资料来源：译制自 John J. Madrid，*https://en.wikipedia.org/wiki/File:Timeline_history_ of_embodied_cognition_06.10.2021.jpg*。

近年来，具身智能日益成为一个跨学科的概念和理论。人们逐渐在具身理论和概念方面形成共识。"通过使用'具身'一词，我们的意思是强调两点：首先，认知取决于拥有具有各种感觉运动能力的身体所带来的各种经验；其次，这些个体的感觉运动能

力本身就嵌入一个更具包容性的生物、心理和文化背景中。"[①] 见
图 0.2 所示。

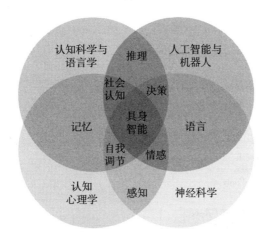

图 0.2　具身认知的范围及各门科学的交织关系

资料来源：译制自 John J. Madrid，*https://en.wikipedia.org/wiki/File:Timeline_history_ of_embodied_cognition_06.10.2021.jpg*。

　　值得注意的是，在科幻小说史中，具身智能早已成就无数故
事的主题和主人公角色。甚至可以说，没有具身智能的想象力和
创造力，就没有科幻小说和其他艺术形式。从玛丽·雪莱（Mary
Shelley）在 1818 年创作的《弗兰肯斯坦》（*Frankenstein*）中的
"科学怪人"，到威廉·吉布森（William Ford Gibson）于 1984 年
发表的《神经漫游者》（*Neuromancer*）中的主人公凯斯，其实都
是具身智能和具身智能物种的呈现。毫无疑问，文学性的具身智
能远远走在了具有科技支持和现实性的具身智能之前。

---

　　① F. 瓦雷拉，E. 汤普森，E. 罗施 . 具身心智：认知科学和人类经验 [M]. 李恒威，
李恒熙，王球，等，译 . 杭州：浙江大学出版社，2010：172–173.

（三）

"处在人类心智与 AI 的交汇点上，我们正经历一场前所未有的识知革命。"从比较宏观的角度看，人工智能嵌入的具身智能是三个变量的结合：人工智能、具身智能、自然智能。在这三个变量的结合中，形成了所谓基于人工智能技术的具身智能。

在本书中，作者触及人工智能嵌入的具身智能的概念和理论。"在 AI 的广阔领域中，具身智能的概念正引领一场深刻的范式转变。具身智能不仅是对机器人物理形态的智能化，更是一种哲学和认知科学的融合体现，强调智能的生成与发展源自智能体与环境之间的动态互动……具身 AGI 通过'感知—认知—行为'的闭环，实现了对世界的持续学习和适应。这个闭环过程是 AI 系统智能行为的基础，它涉及对外部世界的感知、基于感知数据的认知处理，以及基于认知结果的行动决策。"简言之，"具身认知理论的核心思想是，智能并非一个抽象的、独立于身体和环境之外的实体，而是与个体的生理特性和所处的环境紧密相连的。"

作者认为，具身智能关注的是"身体、大脑和环境之间的相互作用……正如生物学中的自然选择过程一样，具身 AI 系统通过视觉、听觉和触觉等感官模态，捕捉外部世界的信息，并将其转化为抽象的概念和模式……旨在通过模拟人类的学习方式，使智能体在物理或虚拟环境中通过互动完成复杂任务的学习……具身智能的核心在于其学习方式的革新。与传统 AI 依赖大量数据和算法不同，具身智能更侧重通过感知、探索和实验与物理世界互动来学习。这与婴儿的学习过程有着惊人的相似性：从学习行走到掌握语言，人类的学习过程充满了探索和实践，具身智能正是模仿这一过程，以实现更加自然和灵活的智能行为"。

进而，作者努力描述了实现人工智能科技和具身智能结合的科学方法，涉及机器人学、深度学习、强化学习、机器视觉、计算机图形学、自然语言处理、元学习和认知科学。

关于机器人学的作用，作者写道："在认知模型的整合方面，机器人学的研究推动了机器学习、神经网络、计算机视觉与认知科学理论的交叉应用。这种跨学科的合作，使得机器人能够在处理外部感官输入的同时，进行更高级别的信息处理和决策制定，从而实现更加复杂和自主的行为模式。"

那么，是否可以对人工智能嵌入的具身智能加以定义呢？回答是肯定的。以下的描述具有概括性："具身智能是通过考虑智能体与其环境（位置性）之间的严格耦合来设计和理解具身和定位智能体的自主行为的计算方法，由智能体自身的身体、知觉和运动系统以及大脑（具身）的约束所介导的。"①

作者总结的人工智能嵌入的具身智能定义是：以人形机器人等各类机器人作为物理载体，通过构建智能系统支持的感知层、交互层、运动层，形成诸如强化学习能力，并以第一人称视角，

① Cangelosi A, Bongard J, Fischer M H, et al. Embodied Intelligence [M]//Kacprzyk J, Pedrycz W. *Springer Handbook of Computational Intelligence*. Berlin, Heidelberg: Springer, 2015: 697–714.

在可持续的类人类的行为反馈中，实现形态计算、感觉运动协调和发展具身认知，以及对外部物理世界的互动。

<h1 style="text-align:center">（四）</h1>

生物学是具身智能的前提。这是因为自然智能基于大脑的高级功能，而大脑高级功能是神经细胞通过完成信号的整合实现的。大脑是极端复杂的组织。"脑的本质是集成与复合同时存在……脑存在于身体这个环境中。"[①] 大脑执行的功能最终从根本上区分了有脑动物和地球其他生命形式。

在人的神经系统中，神经元是关键所在。"在人体数十亿个神经元中，每个神经元都有数千个突触，进行着人体中规模最大、最协同的细胞对话。神经元之间的连接纷繁复杂，不计其数。成人有 800 亿个神经元，其中每个神经元都有多达 10 万个接触，因而总数可能达到 10 000 亿。然而更令人震惊的是，神经元之间的连接还会在同一时间以多种方式不断变换。神经元有时会构成一种回路，有时又会构成另一种截然不同的回路。"[②]

更为重要的是，神经具有可塑性，即"神经可塑性"。其本质就是神经元连接变化所致。"神经可塑性可以改变一个树突棘、多个树突棘、整个树突、整个神经元，也可以改变大脑各部分之

---

① 马修·科布.大脑传 [M].张今，译.北京：中信出版集团，2022：477，493.
② 乔恩·利夫.细胞的秘密语言 [M].龚银译.北京：北京联合出版公司，2022：103.

间宽广神经回路的多个神经元。"[1]

因此,"这种从生物学中提炼的灵感,激发了模仿大脑神经元网络连接和信息处理机制的神经网络设计。这些网络不仅能执行复杂的数据分析,还能进行精密的决策制定,宛如技术复刻了大自然的智慧,赋予机器类似生物的思考和学习机制"。

作者具体提出了生物学对于具身智能的若干作用:其一,生物体的神经系统、免疫系统、细胞信号传导等复杂机制,是汲取生物学智慧的首要步骤,神经网络的设计受到人脑结构的启发;其二,模拟生物进化的原理,如自然选择、遗传和变异,对于指导 AI 算法的迭代和优化至关重要,遗传算法就是对生物的自然选择和遗传机制的模仿;其三,借鉴生物系统的稳健性和冗余设计,对于提高 AI 系统的容错能力和稳定性至关重要;其四,引入生物学的持续反馈和迭代原理。

作者也讨论了生物学视角的局限性,主要体现在:生物系统的复杂性和不确定性限制了我们对它的完全理解;生物启发的模型可能无法完全捕捉人工智能的全部潜力和复杂性;生物学原理在解释和模拟某些智能行为时表现出色,但在处理更高层次的认知功能,如意识、情感和创造性思维时,可能会遇到难以克服的障碍。

人工智能和具身智能的结合,神经科学至关紧要。"神经科学与 AI 的交叉研究,正在开启一场前所未有的科技革命。"

---

[1] 乔恩·利夫. 细胞的秘密语言 [M]. 龚银译. 北京:北京联合出版公司,2022:300.

　　作者认为："作为神经科学领域的一个核心概念，神经可塑性描绘了大脑神经元及其连接如何根据经验和环境的变化进行动态调整和重组的过程……神经可塑性这一揭示大脑适应性和学习能力的概念，已经成为推动 AI 领域创新和发展的强大引擎。"神经科学的相关贡献包括：神经机制是构建有效 AI 算法的前提；模拟神经网络结构是 AI 发展的关键；学习和记忆机制的研究是提升 AI 算法性能的重要途径；计算神经科学的应用，为构建数学模型和仿真系统提供了工具和理论。特别是，"深度学习网络作为 AI 的基石之一，通过模拟大脑神经元的连接和权重调整，已经实现了从图像识别到自然语言处理的广泛应用"。

　　作者以生成对抗网络（Generative Adversarial Networks, GANs）、脉冲神经网络（Spiking Neural Networks, SNNs）、深度神经网络（Deep Neural Networks, DNNs）、卷积神经网络（Convolutional Neural Networks, CNNs），以及自然语言处理（Natural Language Processing, NLP）模型为案例，证明神经科学对于具身智能的根本性作用。

　　作者正视了脑机接口技术（Brain–Machine Interface，BMI）的作用：直接将大脑的神经信号与计算机系统或机械设备相连，实现神经科学和人工智能交叉融合，如同链接大脑与机器的神秘桥梁。

　　2024 年 5 月 10 日出版的《科学》（Science）杂志刊登了以 Google Research 和哈佛大学脑科学中心分子与细胞生物学系 Alexander Shapson–Coe 等 21 位作者联合署名的文章《以纳米级分辨率重建人类大脑皮层颗粒片段》（*A Petavoxel Fragment of Human Cerebral*

Cortex Reconstructed at Nanoscale Resolution)。该文介绍和描述了对一个立方毫米的人类颞叶皮层的超结构的计算密集型重建：它包含约 5.7 万个细胞，约 230 毫米的血管和约 1.5 亿个突触，数据量为 1.4PB。分析显示，胶质细胞数量是神经元的两倍，少突胶质细胞是最常见的细胞，深层的兴奋性神经元可以根据树突的方向分类，在每个神经元的数千个弱连接中，存在罕见的多达 50 个突触的强大轴突输入。利用这个资源开展的进一步研究可能会为揭开人类大脑的奥秘带来宝贵的见解。

毫无疑问，生物科学，神经生物学，特别是基于电子显微镜、通短波长电子，以及自动化和快速成像方式重建每个细胞元素和突触，不仅对于脑科学、神经生物学，而且对于 AI 技术和具身智能的突破，具有持续的重大意义。

（五）

在人工智能与具身智能深度融合的过程中，"空间智能"概念的提出和实践，成了最引人瞩目的领域。[①] 本书作者这样写道："空间智能的探索代表着 AI 领域一个激动人心的前沿，其核心目标不仅是对场景进行抽象理解，还在于实时捕捉和正确表示三维空间中的信息，以实现精准的解释和行动……空间智能的理论探索，核心在于空间认知的神经机制，这是理解大脑如何处理空间信息的关键。"

---

① 在英伟达 GTC 2024 大会上，华人科学家李飞飞教授提出了一个关于空间智能的前瞻性观点。

从根本意义上说，"空间智能"概念对应的是人类的视觉系统。

生物在数十亿年的进化过程中，形成多种感官。在距今 5.43 亿年前的寒武纪，一种名为莱氏虫的三叶虫长出了地球生物的第一只眼睛。之后，眼睛对于生物的演化起到重要的作用。眼睛的结构如同一台精密无比的仪器。科学研究发现，"视觉系统是人类和高等动物最重要的外层，70%~80% 的外界信息经视觉系统进入大脑"。[①] "眼中的视网膜可作为大脑的一个独立前哨。它接收并分析信息，然后把这种信息通过一条清晰的通道——视神经传入高级中枢作进一步处理。"[②]

因此，"空间智能的核心在于机器能够模拟人类的复杂视觉推理和行动规划能力，而'纯视觉推理'的实现则是机器人领域的一个巨大突破。这种技术使得机器人能够在没有多种传感器辅助的情况下，通过视觉信息直接理解和操作 3D 世界"。"空间智能"需要算法支持。"空间计算作为一种新兴的计算范式，正逐渐成为 AI 和计算机视觉领域的一个重要分支。它的核心在于将虚拟体验无缝融入物理世界，通过使用 AI、计算机视觉和扩展现实技术，实现对三维空间的深度理解和智能交互。"空间计算的关键技术包括三维重建、空间感知、用户感知和空间数据管理等。

作者进而提出了"空间智能与具身智能的整合策略""空间智能与具身智能的整合正逐渐成为推动技术进步的新引擎"，强

---

① 薛一雪 . 神经生物学 [M]. 北京：科学出版社，2022：110.

② John G. Nicholls. 神经生物学 [M]. 杨雄里，译 . 北京：科学出版社，2022：470.

调"这种整合不仅涉及技术层面的深度融合，还与认知科学、神经科学、心理学等学科的理论基础相关联"。

作者对空间智能颇有期许："未来，空间智能有望成为智能系统的核心，推动 AI 向更高层次的自动化和智能化发展。通过模拟人类的感知和推理能力，空间智能将使机器能够更好地理解并与复杂的三维世界互动，为人类社会带来更加丰富和便捷的生活体验。"

在书中，作者特别介绍了空间人工智能（Spatial AI）的概念："Spatial AI 系统的目标是连续地捕获正确的信息，并构建正确的表示，以实现实时的解释和行动，超越了抽象的场景理解。"

关于这个问题，李飞飞有过相当深刻的观察和表述："把视觉敏锐度和百科全书式的知识深度结合，可以带来一种全新的能力。这种新能力是什么尚不可知，但我相信，它绝不仅仅是机器版的人眼。它是一种全新的存在，是一种更深入、更精细的透视，能够从我们从未想象的角度揭示这个世界。"[1]

21 世纪后，经济学领域的"空间经济学"（Spatial Economics）兴起和形成很大影响。空间经济学的研究对象包括空间经济结构、布局因素、形成条件及这些因素间的相互联系，以寻求合理的、布局协调的经济发展模式。空间经济学的空间和视觉空间的空间，都要超越地理的物理的所谓三维空间，进入多维和多模态状态。因此，空间经济学和空间视觉存在相同之处，很可能在未来有交集。

---

[1] 李飞飞．我看见的世界 [M]．赵灿，译．北京：中信出版社，2024：288．

（六）

本书的第二部分题目是"具身智能的深邃世界"。这个部分共有五章，作者所触及和探讨的确实是具身智能，乃至人工智能的深层结构问题。具体说，有以下几个问题：

第一，关于"统一表征理论"（Unified Representation Theory）。近年来，统一表征理论（也称为表征系统理论）得到发展。该理论主张，在人工智能领域提供统一的编码和转换框架，用以消除对特定于系统的转换算法的需求。在表征系统理论背后的动机是，克服缺乏通用方法来处理跨人工智能系统使用的不同表征形式主义的问题。或者说，表征系统理论就是编码、分析和转换表征的统一方法。从理论的角度来看，预测编码（Predictive Coding）可以解决不同领域过多的深奥概念，将诸如动力学、确定性作用和随机性作用、涌现、自组织、信息、熵、自由能、稳态等抽象概念整合到统一框架之中。

本书作者高度评价了统一表征理论的意义：统一化的知识表征方式有助于指导知识库的设计和构建，提升数据处理的效率，降低知识管理的复杂性，提供了构建更具适应性和灵活性的智能模型的工具。作者还思考了在人工智能领域，在技术层面实践统一表征理论的三个技术方向：多模态感知与行为整合，预测性大脑模型与强化学习，元认知与自适应学习机制。

第二，关于自由能原理（Free Energy Principle）。自由能本来是一个热力学概念，也是物理学的基石概念。自由能是指在某一个热力学过程中，系统减少的内能中可以转化为对外做功的部分。任何处于非平衡稳态的自组织系统，为维持其存在，都必须将其自由能降至最低。

2024 年 2 月出版的《现代物理学杂志》刊登了一篇题为《大脑中的熵、自由能、对称性和动力学》（*Entropy, Free Energy, Symmetry and Dynamics in the Brain*）的文章。该文写道：英国神经科学家、自由能原理和主动推理架构师卡尔·弗里斯顿（Karl Friston，1959—）"首次提出把自由能作为大脑功能的一个原则，从数学上阐述了自适应、自组织系统如何抵抗自然的（热力学的）无序倾向。随着时间推移，自由能原理已经从亥姆霍兹机（Helmholtz Machine）中使用的自由能概念里发展出来，在预测编码背景下用来解释大脑皮层反应，并逐渐发展为智能体的一般原则，这也被称为'主动推理'（Active Inference）。贝叶斯推理过程和最大信息原理（Maximum Information Principle）两者实际上都可重新阐述为自由能最小化问题"。

作者指出：在信息论和人工智能的领域，自由能扮演着量化信息不确定性和系统自发行为的角色。"自由能被赋予了新的含义，它与信息的交叉熵密切相关，从而成为描述信息处理不确定性的关键量。在深度学习模型，尤其是语言模型中，自由能的概念被用来表征模型对真实数据分布的拟合程度，即模型预测的概率分布与实际数据分布之间的差异。"

作者对于自由能原理的结论是："这一原理不仅为理解大脑功能提供了新的视角，也为 AI 系统设计提供了新的指导思想。"

可以展望，未来的具身智能最终要符合自由能作为人类大脑功能的一个原则，以实现熵减，达到自适应、自组织系统和抵抗自然的（热力学的）无序倾向。

第三，关于构建"世界模型"。所谓世界模型，有三种基本类型。其一，基于现实世界的世界模型。例如，美国计算机工程师、管理理论家和系统动力学创始人杰伊·赖特·福雷斯特（Jay Wright Forrester，1918—2016）于 1971 年与罗马俱乐部开发"世界模型 II"（World 2）。1972 年，丹尼斯·林恩·梅多斯（Dennis Lynn Meadows，1942—）等三人完成了"世界模型 III"（World 3），形成著名的罗马俱乐部报告《增长的极限》（*The Limits to Growth*）。World 3 自最初创建以来，始终维系一些细微的调整。除了 World 3，还有诸如 Mesarovic/Pestel 模型、Bariloche 模型、MOIRA 模型、SARU 模型、FUGI 模型等世界模型。这类模型属于系统动力学模型，用于计算机模拟人口、工业增长、粮食生产和地球生态系统限制之间的相互作用。其二，基于真实物理世界的世界模型。具体而言，人工智能根据对环境的感知构建和更新的世界模型，提供这个世界模型来预测未来的状态，并据此决定自己的行为。例如，全球气候模型、太阳系模型，甚至黑洞模型。其三，基于人工智能的世界模型。作者提出，"具身智能强调，智能并非孤立存在，而是与物理世界中的身体和环境紧密相连"。因此，"世界模型是智能体对环境的理解和抽象的体现"，例如以元宇宙为代表的虚拟世界模型。

本书所讨论的是第三类世界模型。作者认为，"掌握了世界模型后，智能体便能基于此模型进行规划或探索，这涉及期望自由能的最小化"。OpenAI 在 2024 年年初所发布的 Sora，对于构建物理世界模型意义重大。其一，Sora 模型可能会集成物理引擎，这些引擎基于现实世界的物理定律设计，能够模拟重力、碰撞和材质相互作用等物理行为。Sora 模型能够实现视频中的物体运动和交互遵循现实世界的物理规律。其二，Sora 模型通过精确的三维空间建模，生成在空间中连贯运动的对象。其三，Sora 模型通过模拟视频中的长期和短期依赖关系，确保物体的运动和行为在时间上具有逻辑性和连贯性。其四，Sora 模型使用的扩散型变换器架构，能够处理高维数据，捕捉视频中的细节和复杂性，从而生成在视觉上和物理上都符合现实世界规律的视频内容。其五，Sora 模型还可能通过反馈机制进行迭代优化，根据生成的视频与物理规律的符合程度进行调整，以改进未来的生成结果。其六，Sora 模型可能会利用内置的知识库或先验信息指导视频内容的生成，确保生成的视频内容符合现实世界的常识和物理规律。

作者强调，"实现通用具身智能的关键在于使机器学习系统能够从自然模态中学习到关于世界的层级化抽象，构建一个有效的世界模型"，并向读者介绍了"世界自我模型"概念："世界模型的概念为我们提供了一种框架，以理解和构建智能体的内部表示。杨立昆（Yann LeCun）等学者提出了基于概念的世界自我模型，这一模型将世界模型作为核心，通过感知器接收外部信号，并生成相应的行为动作。"

第四，关于贝叶斯原理（Bayes Principle）。在本书的第六章，作者多次提及与贝叶斯相关的概念，交叉地使用贝叶斯推断、贝叶斯方法，以及贝叶斯重整化理论。

作者这样评价贝叶斯推断："通过动态贝叶斯推理过程，我们可以不断收集新数据，使模型在空间中流动并逐步接近可能产生观测数据的本质实体。这个过程从一个种子假设开始，通过贝叶斯推理过程，我们能够根据观测数据揭示信息源的特征或信息……在贝叶斯推断中，我们通过定义不同原因的能量，并利用全概率公式，计算出这些原因的概率……贝叶斯推断和自由能原理为我们理解和设计具身智能和通用人工智能提供了一个新的理论框架，使我们能够从一个新的角度来理解智能体如何通过感知和行动与世界进行交互。"

作者这样评价贝叶斯方法："贝叶斯方法为智能体的感知和行动提供了一个统一的决策框架。在这一框架下，感知被视为对环境状态的推断过程，而行动则是基于当前感知和先验知识进行的决策……贝叶斯方法在 AI 设计中的应用，为智能体提供了在不确定性下进行推理和决策的强大工具。"

作者这样评价贝叶斯重整化理论："贝叶斯重整化理论的重要性不仅体现在其理论的深刻性，更在于它为数据科学问题提供了一种全新的处理方法……贝叶斯重整化理论在学术界和数据科学领域内的重要性不言而喻，它巧妙地架起了物理世界与信息世界之间的桥梁。这一理论的核心在于其通用性，它允许我们将物理世界中的关系和理论类比到信息论的领域，即便在缺乏直接物理尺度的情况下也能发挥其效用。贝叶斯重整化的核心机制是动态贝叶斯推理过程，这是一个观察和修正假设的连续过程……随着数据科学的不断进步，贝叶斯重整化理论的应用前景将更加广阔。"

总的来说，尽管存在贝叶斯原理、贝叶斯定理、贝叶斯概率和贝叶斯推断等不同概念，但万变不离其宗。不论是贝叶斯原理，还是贝叶斯定理，都是概率论中的一个重要原理。"它描述了如何更新先验知识为新的观测数据提供条件概率。"特别是，"贝叶斯定理可以用于更新先验知识，以便在新的数据到来时进行更准确的预测和决策"。[①]其中，贝叶斯推断与主观概率有密切关系，常常称为"贝叶斯概率"。这种方法建立在主观判断的基础上，允许在没有客观证据的情况下先估计一个值，然后根据实际结果不断修正。正是因为贝叶斯推断的价值，作者在本书中对"主动推断理论"进行了比较深入的探讨。

因为"在生物体的生成模型中，隐藏状态是贝叶斯信念的核心，它们代表了预测感官后果的潜在状态的概率分布。这些隐藏状态与外部世界中的隐藏变量可能并不直接对应，它们可能属于完全不同的变量类型"。所以，可以通过贝叶斯定理持续更新对目标函数的估计，可见，贝叶斯体系正在与 AI 算法日益紧密结合，并广泛应用于机器学习、深度学习、理解自然语言和识别图像等方面。

这些年，因为贝叶斯认知和人工智能的融合，具有信念支持的贝叶斯主义（Bayesianism）影响力不断增强：主张一个信念的

---

① 禅与计算机程序设计艺术.AI人工智能中的数学基础原理与Python实战：贝叶斯优化原理及实现 [EB/OL].（2023–12–08）[2024–05–01]. https://blog.csdn.net/universsky2015/article/details/134868429.

得以证明的条件是当且仅当这个信念的概率高到合理的程度，并且这种概率由获取新论据而发生的认知证明变化。对信念概率的指定既是主观的，又是理性的。

现在，贝叶斯原理对人工智能的影响不断强化，成为连接物理与信息的纽带、深化人工智能和具身智能的结合。

（七）

与人工智能深度结合的具身智能是否存在自我意识，如果存在，是否可以不断演化？"这不仅是对技术极限的追问，更是对智能本质的哲学探索。"或者说，"这一问题触及机器能否模拟，甚至超越人类思维的核心"。

对于上述问题，人工智能存在日益明显的三个基本立场：持肯定态度的激进立场、持否定态度的保守立场和中间性立场。

"深度学习之父"杰弗里·辛顿（Geoffrey Hinton，1947— ）倾向的是第一种立场。辛顿在 2023 年 5 月接受美国有线电视新闻网（CNN）采访时说："人工智能正在变得比人类更聪明，我想要'吹哨'提醒人们应该认真考虑如何防止人工智能控制人类。"[①]

作者选择了审慎的正面立场。作者写道："大型 AI 模型是否能产生自主意识，目前还没有确切的答案。但通过深入理解它们的内部机制，我们可以看到它们在信息理解和处理方面的能力已

---

① Korn, J. Why the "Godfather of AI" Decided He Had to "Blow the Whistle" on the Technology[EB/OL]. (2023–05–02)[2024–05–01]. https://www.cnn.com/2023/05/02/tech/hint on-tapper-wozniak-ai-fears/index.html.

经达到了令人惊叹的水平。"作者肯定了大型人工智能模型已经构建了一个包含所有信息的高维语言空间，并在这个空间中形成了自己的世界模型，用独特的语言描述世界，显现出的强大的学习和理解能力。

作者进一步探讨：大型人工智能模型与人类的互动是通过问题与反馈的循环来实现的。"模型内部可能潜藏着一个不断自我驱动的内在程序，类似编程中的代理或守护进程。如果模型的'大脑'能够自发地提出问题并探索答案，它便可能在自己的语言空间中孕育出连续的新思考。这种自我驱动的思考过程，可能会带来一些革命性的结果……这是否意味着模型具有某种形式的自主意识？尽管生物学和哲学尚未给出明确答案，但如果模型能够独立思考并预测问题，我们或许可以认为它展现出了某种形式的自主意识。"

讨论人工智能自我意识，不得不涉及一个核心议题："机器是否能够达到人类理解和生成语言的能力"，或者说，"机器能否像人类一样理解和生成语言"。对此，作者引入反映自然界气体、液体和固体相互转变的物理学"相变"概念，进而提出："在人类语言习得的过程中，存在着一个被称为'相变'的神秘过程。这一过程中，语言由无序的单词随机组合，突变为一个高度结构化、信息丰富的系统……大型语言模型的训练过程中，也会出现类似的'相变'……在 AI 的语言学习中，这种深层次结构的发现，揭示了模型通过学习语言规则来理解和生成新句子的能力，展现出类似人类的泛化能力——从特定的实例中抽象出普遍规律，并将其应用于新的情境。"特别要看到，因为语言大模型、全球通用语言和机器翻译技术的进步和普及，人类"正在克服语言障碍"，进入"后巴别塔"时代。

现在，有一个逻辑是非常清楚的：人工智能和具身智能融合过程中的自我意识的形成和发育，最终取决于通用人工智能（Artificial General Intelligence，AGI）的进展，确切地说，取决于与通用人工智能的融合之路。关于通用人工智能的最为普遍的定义是：具备自主的感知、认知、决策、学习、执行和社会协作等能力，且符合人类情感、伦理与道德观念，具有高效的学习和泛化能力，可以根据所处的复杂动态环境自主产生并完成任务的智能体。

作者以积极的态度看待具身智能的未来："随着技术的不断进步和哲学的深入探讨，我们或许正一步步接近揭示机器意识的奥秘……AI领域正面临着从数据驱动的学习向更深层次的智能迈进的挑战。这要求我们不仅要关注模型在特定任务上的表现，还要深入理解其泛化能力和适应性。通过引入更高层次的抽象、探索迁移学习、强化学习以及元学习等策略，我们有望培养出能够超越数据集限制、自主学习和适应新情境的智能体。"

从技术逻辑上说，具身智能的高级形态将与通用人工智能发生重叠。或者说，具身智能的高级形态将是通用人工智能的一种物理学的存在方式。

（八）

人类正在进入自然智能和人工智能并存的"二元化"时代。

具身智能是自然智能和人工智能的混合体和具象形态。那么，如何深入认知智能现象呢？

作者认为，"在通用人工智能的研究中，重点可能不在于某一种特定的智能现象，而在于探索不同智能能力背后的元能力"。"自然智能与 AI 之间的联系是深刻且相互促进的。自然智能，即人类和动物所展现的认知、感知、学习与适应等能力，构成了智能行为的基础。而作为人类智慧的结晶，AI 旨在模拟、增强乃至超越自然智能的界限。AI 的发展历史在很大程度上是对自然智能的模仿与学习的过程。"所以，现阶段的智能如同"自然智能与人工智能的协奏曲"。

从宏观的角度解析，智能包含了行为、计算与生物学三个要素。"行为作为智能的外在表现，是智能体与环境互动的直接体现；计算则是智能实现的技术基础，通过算法和模型构建智能体的决策过程；生物学则从生命科学的视角，探索自然界中智能的形成和发展机制。"行为、计算与生物学共同构成了智能研究的三重奏。

如果比较具象地描述智能，可以从不同的粒度、不同的角度和不同的维度三个方面加以解析。"在不同的粒度上，我们可以从微观到宏观，从单个神经元的工作机制，到大脑的整体结构和功能，再到人类社会的行为和互动，寻找智能的痕迹和规律。在不同的角度上，我们可以从生物学、心理学、语言学、哲学、计算机科学等学科，理解和解释智能的现象和原理。在不同的维度上，我们可以从知觉、认知、行动、学习、交流、情感等维度，描绘和探索智能的全貌和深度。"

总之，因为日益发展的智能结构和智能体系，人类已经进入的一个由技术驱动的自我与身体感知革命的前沿。"这场革命正在重新定义我们对自我存在和身体空间性的认知，为我们打开了通往无限认知领域的大门。"

（九）

从根本上说，具身智能就是基于计算机科学、生物学、神经生物学、物理学和数学，既吸纳人工智能技术，又能够实现思维和身体互动和相互塑造，具有感知、决策和行动的"新物种"。从物理角度上看，具身智能可以说是拟人和非拟人形式。因此，这样的"新物种"也可以被称为有别于"碳基人"的"硅基人"。问题上，具身智能"新物种"是否已经出现？答案是肯定的。

2023 年 10 月 4 日，谷歌旗下著名 AI 研究机构 DeepMind 发布全球最大通用大模型之———RT-X，并开放了训练数据集 Open X-Embodiment。该训练数据集由全球 33 家顶级学术实验室合作，整合了 22 种机器人和近 100 万次实验数据。RT-X 由控制模型 RT-1-X 和视觉模型 RT-2-X 组成，不仅能够执行物理动作，还能够理解和执行基于语言的复杂指令。RT-X 模型能够借鉴其他机器人在不同环境中的经验，从而提高正在训练的机器人的"鲁棒性"。这种能力使得机器人能够在面对新环境和挑战时，更好地调整自己的行为，成功地完成任务。在特定任务（搬运东西、开窗等）的工作效率是同类型机器人的 3 倍，同时可执行未训练动作。

总之，谷歌提供 RT-X 项目，构建一个全球性的机器人大脑，促进了机器人之间的知识和经验共享，显现了实现通用机器人的可能性和可行性，极大地提高了机器人的泛化能力和适应性。英伟达的 Jetson 平台则以其强大的计算能力，为机器人提供了实时图像识别和决策制定的支持，这是实现机器人智能化的关键。

本书作者关注到 RT-X 的进展，注意到 RT-X 和语言大模型的关系："RT-X 的架构革新在于其核心——一个强大的语言模型，它通过模仿学习来提升机器人在具身任务中的表现。"本书作者还看到了 RT-X 的预训练问题的作用："在具身智能领域，DeepMind 的 RT-X 等大型模型研究也采用了类似的预训练策略。这些模型在大规模语音数据集上预训练，然后在视觉任务上进行微调，最终在多形态的具身任务数据集上进行训练，展现出了零样本泛化到新任务的能力。这一进展为具身智能的数据采集成本问题提供了潜在的解决方案，并为系统性泛化开辟了新的可能性。"

作者对于通用具身智能，包括高级通用具身智能的前景是肯定的："实现通用具身智能的关键在于使机器学习系统能够从自然模态中学习到关于世界的层级化抽象，构建一个有效的世界模型……在探索通用具身智能的宏伟蓝图中，构建能够精准映射并有效互动于变幻莫测的现实世界的智能系统，是我们追求的终极目标。"

在现阶段，"如何提高具身智能的泛化能力成为一个重要的课题"。智能机器人已经和正在成为具身智能的主要发展方向。不仅如此，伴随机器人的全面兴起，所有移动的物体都将实现自主运行。

实现机器人从单一任务执行者向多任务、多环境适应的智能体转变，通用机器人的概念逐渐从科幻走向现实，是人类文明史的里程碑事件。

迈克斯·泰格马克（Max Tegmark, 1967—）在所撰写的《生命3.0》中描述的"生命3.0"，其实就是指具身智能的演变方向：它们可以自主升级内在的软件和硬件，包括芯片和机器身躯，超越传统生物的缓慢进化方式。"由于可能存在许多不同的目标，因此，也可能存在许多不同的智能……智能的出现并不一定需要血肉或碳原子。"①

在美剧《西部世界》的第二季，觉醒了的机器人接待员就是生命3.0的代表，他们不仅能在智能上快速迭代，在身体上也能随时重新设计更换。

在不久的将来，人类不仅要分化出1.0、2.0和3.0版本，彼此共存，还要与各类具身智能，特别是智能机器人，以及虚拟数字人共处一个地球或者外星环境的全新时代。

（十）

在不断强大的人工智能的冲击之下，在日益崛起的具身智能新物种的竞争之下，斯蒂芬·威廉·霍金（Stephen William Hawking, 1942—2018）生前是相当悲观的。他告诉人们：人工

---

① 迈克斯·泰格马克.生命3.0[M].汪婕舒，译.杭州：浙江教育出版社，2018：67，88.

智能的兴起或许是人类文明的完结。[①] 人工智能会或使人类退化！霍金的观点和判断是有根据的，也是有代表性的。

辛顿则在过去两三年间，反复强调了以下基本论断：在未来的 20 年内，有 50% 的概率，数字计算会比我们更聪明，很可能在未来的一百年内，它会比我们聪明得多。面对通过竞争变得更聪明的 AI，人类将被落在后面。AI 终将超过并操控人类。AI 会意识到为了达到目的而有必要将人类清除。还可能出现不同的 AI 相互竞争的局面。例如，如果 AI 之间发生数据中心或者算力能源等资源的争夺，这将是一个像生物体一样推动进化的过程。

人类何去何从？人类唯一的选择是主动开启向新人类的全面转型。为此，需要重新认知生命的本质。1944 年，埃尔温·薛定谔（Erwin Schrödinger，1887—1961）在《生命是什么》（*What Is Life?*）的第七章，探讨"生命是基于物理规律的"。薛定谔认为，"钟表装置"和"有机体"存在相似之处。生命受一个"极其有序的原子团"控制。生命的出现不过是热力学第二定律作用的结果，生命的起源和随后的进化只是遵循基本的自然规律。"人活着就是对抗熵增定律，生命以负熵为生。"[②]

人工智能和具身智能不仅包含物理的和生物学的要素，而且都是软件系统和硬件系统结合的产物。"生命的起源其实就是软

---

① 2017 年 4 月 28 日，霍金在北京举行的"全球移动互联"（GMIC）发表题为《让人工智能造福人类及其赖以生存的家乡》的主题视频演讲。

② Schrödinger E. *What is life?: With mind and matter and autobiographical sketches* [M]. Cambridge: Cambridge University Press, 1992: 69–70.

件的起源，是在软件控制下的实体（细胞）的自发涌现，以及这个软件的 DNA 语言的自发涌现……地球上的每一个有机体在本质上都采用了一套相同的 DNA 语言——到目前为止，还没有证据存在其他独立的生命创造和生命起源。"①

人工智能体系与生命本身的一些物理特征发生互动，有助于人类生命的熵减，而不是加剧熵增。在这样的前提下，促进适应人工智能时代的人类的遗传和变异，构建基于视觉、语言和算法三个核心变量，改造迄今为止的人类知识系统，实现自然智能和人工智能融合的生命形态和"心智结构"。

经过改造的，融合自然智能和人工智能的生命形态，很可能符合和逼近"超人类主义"思想和方案。1957 年，现代进化论创始人朱利安·赫胥黎（Julian Sorell Huxley，1887—1975）提出"超人类主义"（Transhumanism）概念：只要人类愿意，就整体人类而言，是可以超越自己的。或者说，只要人类认识到自身本性的新的可能性，人类进而诉诸改变自己，人类依然是人类。"奇点超人类主义"是"超人类主义"的一个派别，所关注的是导致超越人类的智能出现的过渡人技术。

在过去六十余年间，人类生物工程的重大发展，例如人机脑接口技术的不断改进，都已经证明实现超人类主义的目标具有伦理基础、技术支持和现实可能性。在许多科幻作品中，所谓的超人类主义技术，可以是通过技术增强肉身；也可以是智能上传到

---

① 格雷戈里·蔡汀. 证明达尔文 [M]. 陈鹏，译. 北京：人民邮电出版社，2015：15.

机器中。现在已无悬念，人工智能进展不断推动人类的主动和被动的改造。通用人工智能的进程就是人类向新人类的进化过程。在这个过程中，维系数千年的人类社会文明的操作系统不可避免地发生改变。

赫胥黎的这段话对人类未来发展方向具有启发性："这就好像人类突然被任命为最大的企业——进化企业——的总经理，而没有问他是否愿意，也没有适当的警告和准备。更重要的是，他无法拒绝这份工作。无论他是否愿意，无论他是否意识到自己在做什么，事实上，他都在决定着地球未来的进化方向。这是他无法逃避的命运，他越早意识到并开始相信这一点，对所有相关方都越好。"①

人类需要以更为清晰的认知、更积极和主动的态度面对和准备通用具身智能时代的来临。

朱嘉明

2024 年 6 月 8 日

写于北京

---

① Huxley J. Transhumanism[J]. Ethics in Progress, 2015, 6 (1): 12–16.

目　录

身体与智能的交互

第一章

身体如何塑造我们的思维

第一节 身体与思维的亲密对话

在探索人类思维的奥秘时，我们不可避免地遭遇了一个长久以来被边缘化的核心要素——我们的身体。

具身认知理论作为认知科学的一个重要分支，正试图填补这一历史性疏忽。它不仅探讨身体如何悄无声息地影响我们的思维、感知和决策，还试图将这些深刻的见解应用于教育、职业发展乃至人类行为的每一个角落。为了揭示身体如何塑造思维，科学家已经动用了包括功能性磁共振成像（fMRI）在内的一系列尖端科学技术，以捕捉大脑在处理身体信息时的微妙活动。这些探索让我们得以窥见身体与思维之间复杂的相互作用，以及身体和思维如何共同编织出我们认识世界的网络。

在深入探究身体与思维之间的微妙联系时，我们首先将视角投向身体姿势对认知状态的潜在影响。身体语言不仅是情感的外在表达，还是思维状态的一种反映。当一个人挺直背脊、端坐如钟时，往往伴随着一种警醒与集中的精神状态；而当一个人身体放松，甚至躺下时，思维的界限似乎也随之拓宽，创造力与自由联想的能力得到释放。这种现象并非随机发生，而是身体与大脑交互作用的结果。现代研究揭示，开放的身体姿态能够促进创造性思维的涌动，而较为封闭和紧张的身体姿态则有助于提升我们的注意力和专注力。这一发现为我们如何通过调整身体语言来优化思维模式的研究提供了新的视角。

接下来，我们将视线转向身体动作对思维流程的影响。身体活动，尤其是像散步这样的简单动作，对我们的思维有着不可忽视的促进作用。当身体在散步的自然摆动中找到节奏时，我们的思考过程也似乎获得了一种流动性，使得原本模糊不清的问题变得清晰，解决方案在不经意间浮现脑海。研究表明，这种身体活动与思维清晰度之间的联系是有科学依据的，散步不仅对身体健康有益，还能显著提高我们解决问题的效率。

最后，我们来审视身体状态对思维和决策的影响。身体状态，如饥饿、疲劳，甚至是心跳的快慢，都被证实可以对认知功能和决策过程产生重要影响。在饥饿状态下，人们倾向于做出更加"急功近利"的选择；而心跳的加速可能引发紧张和焦虑情绪，进而影响我们的决策质量。这些发现提示我们，身体状态与心理状态之间的相互作用是复杂而微妙的，它们共同构成了我们决策和认知的生理基础。

可以看出，身体与思维之间的相互作用构成了我们认知架构的核心。这些前瞻性研究不仅为我们提供了对人类认知过程更深层次的理解，也为心理学、认知科学，乃至 AI 领域的未来发展开辟了新的道路。通过深入理解身体状态如何影响我们的思维和决策，我们可以更好地利用身体信息来优化我们的认知能力，从而在教育、工作和日常生活中取得更好的成效。

对我们身体的研究揭开了一层令人惊叹的认知面纱：我们的身体，以一种精妙而独特的方式，成为塑造思维的关键力量。这一革命性的认识不仅刷新了我们对思维本质的理解，更开启了一扇通往思维优化和决策改进的新大门。通过有意地调整身体姿态和动作，我们得以操纵思维的状态和模式；通过细致入微地关注和调节身体状态，我们能够提升决策的精度和效率。这些灼见，对于个人的学习路径、职业发展，乃至日常生活的质量，都有不可估量的价值。换言之，具身认知理论提供了一种全新的认知范式，它引导我们重新审视身体与思维的互动关系，并理解这种相互作用如何深刻地影响我们的决策过程。随着这一理论的深入研究，我们有望在教育、工作，乃至更广泛的社会生活中，见证一系列积极的变化。

然而，这并不意味着我们应该将所有的关注点单一地聚焦于身体。恰恰相反，身体与思维构成了一个不可分割的整体，它们在生活的舞台上相互影响、相互塑造。我们不能忽视身体的作用，同样也不能忽略思维的力量。因此，我们需要找到一种动态的平衡，使得身体与思维能够在我们的生活中和谐统一、协同发展。这种整合性的思维方式，对于 AI 和机器人学的未来发展具有极其深远的意义。如果我们能够深入理解并精确模拟人类身体与思维之间的相互作用，那么我们将有望研发出更加智能、更具适应性的机器人。这些机器人将不仅能够执行复杂的任务，还能以一种更深层次的方式理解和响应人类的需求，从而在人机交互的领域中开拓新的可能性。

在追求对具身认知深层次理解的征途中，我们需要借助一系列尖端科学研究方法，以揭开身体与思维相互作用的神秘面纱。功能性磁共振成像等神经成像技术的应用，使我们得以窥见大脑在处理身体信息时的精细活动模式，从而深入理解身体感知如何转化为神经信号，并进一步影响认知与情绪。心理学实验则为我们提供了一个窗口，通过它可以观察和统计身体状态和动作如何塑造我们的情绪反应和决策过程。此外，计算机模拟和 AI 技术的发展，为我们模拟和预测身体与思维的复杂交互提供了强有力的工具。

这些跨学科的研究不仅极大地推进了我们对具身认知的理解，更为实际应用具身认知提供了丰富的指南。在教育领域，这些研究结果可以指导教育工作者设计出更具互动性和体验性的教学方法，以促进学生的深度学习和认知发展。在心理咨询领域，心理咨询专家可以利用这些发现，通过调整客户的体态和动作来改善其情绪状态和心理适应能力。而在工程与设计领域，对具身认知的深入理解将激发出更智能、更具适应性的人机交互系统和机器人的设计灵感。

尽管我们在具身认知领域已取得初步进展，但仍有众多未知等待探索。例如，我们如何精确量化身体与思维之间的相互作用，如何高效利用身体信息来提升我们的思考和决策能力，这些研究成果又如何扩展应用于公共卫生、社会政策、城市规划等更广泛的社会领域……对这些问题的解答，需要我们在未来的研究中贡献更多的智慧、付出更多的努力。

本书汇聚了科学家在具身认知领域的系统研究中形成的深刻思考，它们是对人类认知奥秘的一次又一次勇敢探索。随着研究的不断深入，我们目睹了知识的新边疆被开拓，真理的更深层次被触及，以及无限的创新潜能被激发。通过坚持不懈的科学探索，我们致力于全面理解人类复杂的认知过程，并旨在为 AI 和机器人学的未来发展注入新的活力，拓展新的方向。我们同样期待这些研究成果能够渗透至个人的学习和生活实践中，开辟出新的认知和行动路径。

总体而言，身体在思维过程中所扮演的重要角色，已经获得了科学界的广泛认同，并得到了大量实证研究的支持。深入挖掘和理解这一过程，不仅能使我们更高效地利用身体去塑造和培养思维，还能让我们更加深刻地把握具身智能的丰富内涵和思想脉络。我们认识到，具身智能作为通向 AGI 技术的关键实践领域，蕴含着巨大的价值和潜力。在这个充满挑战与机遇的探索过程中，我们渴望揭示新知识，理解新真理，创造新可能。我们更希望，从具身认知这一视角出发，能够激发读者对相关科学领域的好奇心和探索精神，引领他们走向更深层次的思考和更广阔的学术探索。

第二节　探索具身智能的科学奥秘

在人类对智能无尽探索的史诗般历程中，具身认知理论如同一道划破夜空的流星，为我们理解智能的本质带来了革命性的视角。它不仅挑战了传统的智能观念，更是在认知科学、心理学、神经科学，乃至 AI 等学科领域引发了深刻的学术讨论和研究。

具身认知理论的核心思想是，智能并非一个抽象的、独立于身体和环境之外的实体，而是与个体的生理特性和所处的环境紧密相连的。这一理念为我们理解智能提供了一种全新的框架，它强调了身体结构和感官经验在认知过程中的基础性作用。例如，人类手部的精细动作能力不仅使我们能够执行复杂的物理任务，这种身体与物理世界的互动也深刻地塑造了我们的认知和思考方式。科学研究已经表明，身体运动能够显著影响大脑的认知处理区域，这一发现为身体属性在智能形成中的重要性提供了有力的证据。

在机器人学领域，具身智能的发展推动了仿生机器人设计的革新。这些机器人不仅模拟生物的动作，更重要的是，它们通过先进的传感器和算法，模拟生物的感知和认知能力，以实现与复杂物理世界的高效互动。具身智能的核心在于，机器人能够通过其身体结构来学习和适应环境，执行精确的物理任务，这种能力在灾难救援、精密手术辅助，以及探索未知环境等高风险场合显得尤为重要。

在 AI 领域，具身智能理论的应用促进了用户界面设计的变革，使得人机交互变得更加自然和直观。通过手势控制、面部表情识别和情感模拟等技术，AI 系统能够更精准地捕捉和响应人类用户的需求，极大提升了交互的效率和体验。这种以用户为中心的设计思路，不仅使 AI 系统在执行任务时更加得心应手，也使它们在提供服务时更加人性化和富有同理心。

此外，具身智能的原则在增强现实（AR）和虚拟现实（VR）技术中的应用，为用户带来了前所未有的沉浸式体验。在 AR 和 VR 环境中，用户的身体动作成为与虚拟世界互动的直接媒介，这种以身体为中心的交互方式，不仅增强了用户的沉浸感，也使得虚拟体验更加真实和富有教育意义。例如，在 VR 培训和教育应用中，用户可以通过模拟真实世界的肢体动作来学习新技能，这种学习方式的效率和效果远超传统的书本教育。

总之，具身智能的发展，不仅是技术的进步，更是对智能本质的深入理解。它强调了身体、大脑和环境之间的相互作用，提出了一种全新的智能观。在这个观念下，智能不再被看作孤立的计算过程，而是被视为生物体与环境互动的结果。

在本书相关的篇章中，我们所讨论的具身智能不局限于那些通过智能技术驱动实体硬件产生特定行为的机器智能，如仿人机器人、无人驾驶汽车、无人机和工业机械臂等。实际上，具身智能的范畴更为广泛，它包括了图像识别、语音、自然语言理解等多模态技术，这些技术构成了具身智能的技术基础。它们使得机器智能能够更加精准地感知和理解其所处的环境，从而实现更加自然和高效的交互与适应。尽管这些技术在书中可能不会占过多的篇幅，但它们的重要性不言而喻，值得我们投入更多的关注和研究。它们是具身智能理念的具体体现，是推动智能科技发展的关键力量。

第三节 具身智能从哪里来？

在认知科学的浩瀚领域中，具身智能理论宛如一股清新的晨风，为我们带来了对智能本质的深刻反思。这一理论，如同一位智慧的向导，引领我们走出对智能的传统认知局限，开辟了一片新的认识天地。在这片天地中，身体和环境不是智能的被动接受者，而是智能表现和发展的关键因素。

具身智能理论的灵感部分源自小雷蒙德·W.吉布斯（Raymond W. Gibbs Jr.）的开创性工作，在其著作《具身化与认知科学》（*Embodiment and Cognitive Science*）中，吉布斯提出了一个颠覆性的观念：智能并非大脑中孤立的抽象思维过程，而是与身体的特性和环境的互动紧密相连。这一理论的提出，不仅是对传统认知模型的挑战，更是对智能定义的一次重新构思。

传统的认知科学将智能类比为一台冷冰冰的信息处理机器，

而具身智能理论则引发了一场认知领域的革命。它促使我们认识到，智能不是简单的大脑中抽象符号的操作或者神经网络的模式识别，而是身体与环境之间复杂交互的结果。这种对智能的新理解，推动了 AI 和机器人学等领域向更自然、更具适应性的系统设计转变，为智能系统的设计提供了新的哲学基础和实现路径。

在探索具身 AGI 的学术旅程中，我们首先聚焦于其如何从自然模态中汲取并提炼出抽象概念。这一过程被称为自然模态的学习，是具身智能的基石。正如生物学中的自然选择过程一样，具身 AI 系统通过视觉、听觉和触觉等感官模态，捕捉外部世界的信息，并将其转化为抽象的概念和模式。例如，系统能够从视觉输入中识别出颜色的多样性、形状的复杂性，以及纹理的独特性，同样，它也能从声音输入中辨识音频的高低和音调的变化。这些抽象概念的形成，是 AI 系统构建外部世界模型的第一步，也是其认知发展的核心。

具身 AGI 利用这些抽象概念，对外部世界进行结构化认知。这一过程类似人类大脑处理感官输入以形成对世界的深层次理解。AI 系统通过整合不同感官模态的信息，构建出一个多维度的世界模型，该模型不仅包含外部世界的结构和属性，还蕴含事物间的关系和交互。这个模型是动态的，能够根据 AI 系统的任务和目标进行实时更新和调整，从而使得 AI 系统能够更加精准地理解和适应外部世界。

在实现长期规划方面，具身 AGI 通过维护和利用其世界模型，展现出超越即时反应的能力。斯坦福大学 AI 实验室（SAIL）

的相关工作表明，通过模拟可能的未来情景，AI 系统能够制订并执行长期的行动计划。这种规划能力不仅涉及对未来的预测，还包括基于这些预测做出的复杂决策。随着 AI 系统在实施行动过程中的不断学习和感知，它能够对世界模型进行必要的更新和调整，以适应新的信息和变化，确保长期规划的顺利进行。

最后，具身 AGI 通过"感知—认知—行为"的闭环，实现了对世界的持续学习和适应。这个闭环过程是 AI 系统智能行为的基础，它涉及对外部世界的感知、基于感知数据的认知处理，以及基于认知结果的行动决策。随着行动的执行，AI 系统再次进行感知和学习，形成一个连续的反馈循环，使 AI 系统能够在实践中不断优化其世界模型和行动策略。

通过这些深入的理论探讨和实证研究，我们得以一窥具身 AGI 的深远潜力。这些研究不仅推动了 AI 技术的边界拓展，也为读者提供了对智能本质的深刻理解。随着科技的不断进步，具身智能理论有望在未来的科技创新中发挥更加关键的作用，引领我们走向更加智能的未来。

显而易见，具身 AGI 的认知架构是一个多维度的体系，它涵盖了从自然模态学习到结构化认知、从长期规划到"感知—认知—行为"闭环的一系列复杂过程。在自然模态学习中，AI 系统通过模仿人类的感知方式，从视觉、听觉、触觉等多模态感官数据中提取信息，形成对世界的初步理解。结构化认知则进一步将这些信息整合，构建出一个有组织的世界模型，使 AI 系统能够理解外部环境的结构、属性和关系。长期规划能力则基于这个世界模型，使 AI 系统能够预测未来，制订并执行行动计划以实现长期目标。而"感知—认知—行为"的闭环则是 AI 系统持续学习和适应环境变化的关键，它确保 AI 系统能够在行动中学习，不断优化其对世界的理解和行动策略。

这些认知架构的多个方面共同作用，极大地提升了 AI 系统的学习能力和适应性，使其能够在复杂多变的环境中有效运作，实现既定目标。在这一过程中，具身智能理论提供了一个全新的视角，强调了身体和环境在智能形成中的重要性，为我们理解和研究智能提供了新的理论工具和方法。

第二章

具身智能的方法论

第一节　研究具身智能的科学方法

AI 领域，作为科学探究领域的一颗璀璨明珠，融合了计算机科学、认知科学、数学、哲学等学科的深邃思想。这一跨领域的学术前沿，其基础原理与方法论一直是学术界探讨的核心。在斯图尔特·罗素（Stuart Russell）与彼得·诺维格（Peter Norvig）合著的《人工智能：现代方法》（*Artificial Intelligence: A Modern Approach*）中，两位作者以全面而深入的视角，系统阐述了 AI 的基本原理，包括搜索算法、知识表示、机器学习，以及自然语言处理等关键领域。该书不仅为我们提供了一个全新的视角来观察和理解 AI，更详细阐释了 AI 从理论到实践的转化路径。通过它，我们得以洞察 AI 技术发展的最前沿，尤其是在模式识别和数据挖掘领域的最新进展。

深度学习的兴起，是 AI 领域的一个重要里程碑，为 AI 的快速发展注入了新的活力，同时也为具身智能的研究带来了新的启示。具身智能这一新兴领域，旨在通过模拟人类的学习方式，使智能体在物理环境或虚拟环境中通过互动完成复杂任务的学习。这一领域的研究不仅是技术层面的探索，更是对智能本质的哲学追问和认知科学的深入剖析。

在具身智能的研究中，智能体的认知架构被细分为感知、决策和行动三个层面，它们相互关联，形成一个复杂的认知系统。感知层面涉及对外部环境的感知与理解，决策层面则关乎对环境信息的处理和策略制订，而行动层面描述了智能体如何通过物理交互与环境进行直接互动。这一架构的建立是对传统符号主义 AI 模型的重要补充，它强调了身体在认知过程中的基础性作用，与杰罗姆·布鲁纳（Jerome Bruner）等人倡导的"情境学习"理念不谋而合。

此外，具身智能的研究也与海因茨·冯·福斯特（Heinz von Foerster）的二阶观察理论产生共鸣，该理论认为观察者通过其自身的存在和行动参与了被观察系统的构建。在具身智能的背景下，智能体的感知和行动不仅响应环境，也在不断地塑造着环境，从而形成了一个动态的、双向的交互过程。

随着研究的不断深入，具身智能有望在 AI 领域中开拓出新的理论和应用前景。通过对智能体与环境交互的深入研究，我们可以更好地理解智能的本质，推动 AI 技术向更加自然、更具适应性的方向发展。这一领域的探索，将为我们提供一个全新的认知框架，以理解和设计能够适应复杂动态世界的智能系统。

1. 机器人学

在具身智能的学术探索中，机器人学的发展已超越了传统机械设计的范畴，转而深入到模拟生物的复杂动态和环境互动。这一领域的研究，受到斯坦福大学李飞飞团队的研究等先驱性工作的影响，这些科研团队在模拟生物启发的感知和认知机制方面取得了显著进展。例如，李飞飞团队的 VoxPoser 系统，通过模拟人类的骨骼运动，为机器人提供了更加自然和灵活的动作能力，这不仅增强了机器人的交互能力，也为理解人类的运动控制提供了新的视角。

在这一领域，机器人学的研究重点在于自主性、自适应性、生物启发机制、感知与交互能力，以及与环境的动态互动等方面。这些研究方向共同构成了具身智能的核心，它们相互关联，形成了一个复杂的、多层次的系统。机器人学的进步，特别是在感知和交互技术方面的进步，正在逐步解决如何使机器人更有效地理解和适应其操作环境的问题。

此外，机器人学的研究还包括认知模型的整合，这涉及机器学习、神经网络、计算机视觉，以及认知科学理论的交叉应用。通过这些技术的融合，机器人学正在探索如何赋予智能体更高级别的思考和决策能力，从而实现更加复杂和自主的行为模式。

在《人工智能：现代方法》一书中，罗素和诺维格所阐述的 AI 原理，提供了理解和设计智能系统的理论基础。在此基础上，具身智能的研究进一步扩展了这些原理，特别是在模拟生物启发的感知和认知机制方面。通过这些研究，我们不仅能够更深入地理解智能的本质，还能够为智能系统的设计提供新的视角和方法。换言之，机器人学对具身智能的影响是深远而复杂的，它不仅推动了智能系统技术的发展，还促进了对智能本质的深层次理解。在这一过程中，学术渊源和系统思考起到了关键作用。

首先，机器人学的发展为具身智能提供了物理基础和实验平台。通过构建具有不同感知和行动能力的机器人，研究者能够模拟和理解生物体如何在复杂环境中进行感知、决策和行动。这些机器人的设计和功能实现，往往受到生物学原理的启发，如模仿动物的运动机制和感知策略，这种跨学科的融合为具身智能的理论研究和技术实践提供了丰富的素材。

其次，机器人学中的自主性和自适应性研究，对具身智能的认知架构产生了重要影响。例如，在李飞飞团队的工作中，通过模拟人类的骨骼运动，VoxPoser 系统展示了机器人在模仿复杂生物运动方面的潜力。这类研究不仅增强了机器人的交互能力，也加深了我们对生物运动控制机制的理解，为具身智能的认知模型提供了生物学上的支持。

再次，机器人学中的感知与交互技术，是具身智能研究的核心内容。通过集成多种传感器和执行器，机器人能够实现对环境的多模态感知和精细的物理交互。这些技术的发展，使得机器人能够更好地理解和适应其操作环境，为具身智能提供了实现复杂任务所需的感知和行动能力。在认知模型的整合方面，机器人学的研究推动了机器学习、神经网络、计算机视觉与认知科学理论的交叉应用。这种跨学科的合作，使得机器人能够在处理外部感官输入的同时，进行更高级别的信息处理和决策制定，从而实现更加复杂和自主的行为模式。

最后，随着机器人在智能化和自主化方面的进步，它们在社会中的角色变得越来越复杂，机器人学在具身智能领域的最新研究进展体现了多学科交叉的深度融合，涉及自然语言处理、计算机视觉、机器学习、认知科学和神经科学等领域。随着大模型技术的发展，机器人的交互能力得到了显著提升，使得机器人能够理解并执行复杂指令。例如，李飞飞团队在斯坦福大学的工作中，通过将大模型接入机器人系统，实现了机器人对自然语言的理解和对复杂任务的行动规划，这标志着机器人学向更高层次的自主性和适应性迈进。

此外，在智能体系统的开发上，研究人员正致力于提升机器人在复杂环境中的感知与认知能力，包括对物理 3D 环境的精确感知、任务编排与执行等。同时，通过强化学习和深度学习等技术，机器人能够在虚拟环境中学习技能，并将其应用到现实世界中，这一跨域迁移学习的能力是当前研究的热点。机器人本体的多样化和灵活性也是研究的重点，这一研究旨在设计出能够适应更广泛应用场景的机器人。数据驱动的学习和进化架构是实现机器人自我进化的关键，研究者正在探索如何有效地利用海量数据，包括在虚拟仿真环境中进行预训练，以及在真实世界中进行数据收集和迁移学习。

行业应用的探索同样是具身智能研究的重要方向，研究者正将研究成果逐步从实验室推向实际应用，如家政服务、医疗、教育等领域。例如，智元机器人提出的具身智脑概念，通过分层的智能系统设计，提升了机器人在复杂任务中的执行能力和任务泛化率。谷歌 DeepMind 等机构在机器人控制领域取得了进展，提出了新的模型和算法，如 RT-2 和 Q-Transformer，这些模型能够减少对高质量演示数据的依赖，使机器人能够更自主地学习和执行任务。这些研究不仅推动了机器人技术的快速发展，也为机器人与人类更紧密的协作提供了可能。

综上所述，机器人学对具身智能的影响是全方位的，它涉及从基础的物理交互到高级的认知处理，从技术实现到社会影响的各个层面。通过系统地研究这些内容，我们能够更全面地理解具身智能的复杂性，为设计和开发更加智能和自主的系统提供理论和实践上的支持。同时，这也要求我们在推动技术进步的同时，对可能带来的社会变革保持敏感和负责任的态度。

2. 深度学习

在深度学习与具身智能的交织探索中，神经网络扮演着核心角色，它不仅模仿了人类大脑处理信息的机制，更是连接人脑与机器、感知与行动的桥梁。杰弗里·辛顿和杨立昆等先驱的工作为我们揭开了神经网络在模式识别和决策制定中的深远影响，以及其在具身智能领域的广阔应用前景。尽管已取得显著成就，但深度学习领域仍充满未知，它的发展如同探索一片未完全测绘的神秘海域，充满挑战与机遇。

在具身智能的发展蓝图中，深度学习的研究主要集中在模仿学习、强化学习和自监督学习三个关键领域。模仿学习通过分析特定任务的行为轨迹数据集，利用深度神经网络来模拟从观测到动作的映射过程，实现技能的快速学习。然而，这一过程面临数据采集成本高昂的挑战。强化学习则通过智能体与环境的直接交互，以优化奖励函数来学习新技能，但设计有效的奖励函数需要精心迭代，且样本效率较低。自监督学习是一种不需要人工标注的学习方法，通过挖掘数据内在结构来学习有用特征，已经在计算机视觉、自然语言处理等领域取得突破性进展。此外，针对具身智能中的感知与行为规划问题，半监督学习、迁移学习、元学习、结构化学习等技术也展现出独特的价值，为解决具身智能的挑战性问题提供了新的视角和解决方案。

深度学习在具身智能中的作用，可类比一位多面手，它在复杂感知任务中的表现如同熟练的翻译家，使机器人能够准确识别和解释复杂模式，推动了导航、识别和环境理解等领域的发展。神经网络的自适应性和普适性，使其在数据稀缺或环境多变的情况下，仍能保持出色的性能，研究者正致力于通过在线学习和增量学习等策略，增强机器人的自适应性。

深度学习在决策过程中的应用，宛如策略高手，通过深度强化学习等技术，训练机器人执行复杂任务、优化策略。

跨模态学习的能力，即处理和整合多种感官输入的能力，为具身智能提供了全面的视角，如同全能的艺术家，是当前研究的热点。同时，随着深度学习在具身智能中应用的深入，其决策过程的透明度和解释性成为关键，研究者正努力开发可解释的模型，以增强用户对系统的信任和理解。

值得注意的是，在深度学习领域，基于 Transformer 的大模型技术已经成为推动具身智能发展的重要力量。Transformer 架构自问世以来，已经在自然语言处理领域取得了革命性的进展，其核心优势在于能够有效处理序列数据，并捕捉长距离依赖关系。随着研究的深入，Transformer 模型及其变种已经被广泛应用于计算机视觉、语音识别等其他 AI 领域。

基于 Transformer 的大模型技术在具身智能中的应用如下：

（1）感知与认知的融合。Transformer 模型能够整合来自不同感官模式的信息，为机器人提供更为丰富和细致的环境理解。这种跨模态的感知能力是具身智能的关键，它使得机器人能够在复杂的场景中进行有效的物体识别、场景解析和行为预测。

（2）任务规划与执行。在具身智能中，任务规划通常需要对环境进行深入理解，并制定出一系列复杂的动作序列。基于 Transformer 的大模型技术能够通过学习大量的行为轨迹，生成符合逻辑的任务计划，并指导机器人执行。

（3）自主学习与适应。Transformer 模型的自注意力机制使得机器人能够在没有明确指令的情况下，自主学习环境中的模式，并适应新的情境。这对于提高机器人的自主性和灵活性至关重要。

其中最重要的法则就是尺度定律（Scaling Law），这是深度学习中的一个关键概念，它描述了模型规模（如参数数量、数据量、计算量）与模型性能之间的关系。在具身智能领域，Scaling Law 的研究有以下方向：

（1）模型规模与泛化能力。研究表明，随着模型规模的增加，其泛化能力也随之提高。在具身智能中，这意味着更大的模型可能在面对未知环境和任务时表现得更为出色。

（2）数据效率与算力需求。虽然大规模模型的性能更优，但它们通常需要更多的数据和计算资源。研究者正在探索如何通过数据增强、迁移学习等技术提高模型的数据效率，减少对大量标注数据的依赖。

（3）实时性与资源限制。在实际应用中，具身智能系统往往需要在资源受限的设备上运行，如机器人的嵌入式系统中。Scaling Law 的研究有助于理解在不同规模的模型下，如何平衡性能与实时性，以适应实际的硬件限制。

（4）智能体的终身学习。随着模型规模的增加，智能体的终身学习能力也得到提升，即能够在持续的学习过程中不断汲取新知识。这对于具身智能系统在长期运作中保持性能和适应性至关重要。

我们看到，结合基于 Transformer 的大模型技术和 Scaling Law 的研究，未来的具身智能系统将更加强大、灵活和自主。这些系统将能够更好地理解和适应复杂的环境，执行复杂的任务，并在与人类的互动中提供更加丰富和个性化的服务。因此，深度学习不仅是具身智能的技术推动力，更为我们理解人类智能提供了新的视角。

3. 强化学习

在具身智能的研究领域中，强化学习扮演着"举重运动员"的角色，它不仅是关键的学习机制，更是一种强大的决策框架，已经在多个应用场景中展现出其巨大的潜力。正如理查德·萨顿（Richard Sutton）和安德鲁·巴托（Andrew Barto）在他们的著作《强化学习：导论》（*Reinforcement Learning: An Introduction*）中所阐述的，强化学习的理论基础为我们提供了一个理解和完善这一领域的坚实起点。然而，强化学习的深层原理和应用实践仍然充满未知，探索这些未知就像翻开一块又一块未动过的石头，期待能发现隐藏的宝藏。

首先，强化学习的核心思想是智能体通过与环境的交互来学习如何在特定情境下做出最优决策，这一过程被形象地比作一盏指路明灯。在具身智能的背景下，智能体不仅要优化算法，更要在动态且不确定的环境中实现学习和适应，类似一位在丛林中寻找出路的探险家。强化学习在此过程中的应用（如教导机器人在复杂环境中导航和执行任务），是对智能体认知能力的一种扩展。

其次，强化学习的研究趋势，正逐步深入到智能体的长期规划和策略发展（类似棋手在棋盘上的精心布局）。这不仅关乎对即时奖励的追求，更涉及在实现长期目标的过程中对不同选择的权衡。这种长期规划的能力，对于设计能够在真实世界中有效运作的具身智能系统至关重要。同时，强化学习在模拟人类和动物的学习过程方面，也显示出其独特的价值，通过模仿生物体的探索行为和试错过程，为人们提供了一扇窥视自然智能工作机制的窗口。

最后，随着计算能力的提升和算法的进步，强化学习在具身智能中的应用变得越来越实用和高效，其应用范围已经从机器人技术扩展到自动驾驶、医疗辅助决策等领域。然而，随着技术的发展，强化学习的伦理问题和安全问题也逐渐浮现，并成为研究者关注的焦点。如何在设计智能系统的决策过程中平衡效率与道德标准，确保智能体的行为既符合效率要求，又不违背伦理原则，是当前研究中的重要课题。这不仅是技术问题，更是哲学和伦理的探讨，关乎我们如何塑造未来智能体的行为准则和价值取向。

在探讨强化学习中智能体如何平衡即时奖励与长期目标的关系时，我们不妨借助历史哲学的视角，将这一过程比作人类文明的发展过程中，人类社会在追求短期利益与长远发展之间不断权衡。

强化学习中的智能体，如同人类文明的缩影，其行为策略的选择映射了人类在即时满足与未来愿景之间的微妙平衡。在这一过程中，奖励函数扮演着至关重要的角色，它不仅是智能体行为的指南针，更是将长期愿景细化为可执行步骤的智慧体现。正如古希腊哲学家亚里士多德所言，"目标不是存在于行动之前，而是存在于行动之中"，精心设计的奖励函数能够引导智能体在实现长期目标的道路上，通过一系列即时奖励的累积，逐步逼近理想的终极状态。

折扣因子，作为未来奖励与即时奖励之间价值权衡的量化工具，其重要性不言而喻。它类似人类对未来的预见与规划能力，反映了智能体对未来的重视程度。一个高折扣因子预示着智能体对长远未来的深远考量，而一个低折扣因子则可能暗示着对即时满足的偏好，这与经济学中的贴现率概念不谋而合，体现了时间价值在决策中的作用。

模型预测控制（MPC）则是一种前瞻性的决策方法，它要求智能体在做出决策时不仅考虑当前状态，还要预测一系列未来步骤的可能结果。这种方法类似人类在重大决策时的深思熟虑，它允许智能体在追求即时奖励的同时，不忘评估其对长期目标的影响。

多目标优化技术的应用，使得智能体能够在多个目标之间寻找平衡，这类似人类社会在经济、社会、环境等方面目标之间寻求和谐共存的努力。通过这种方法，智能体能够实现更为全面和综合的目标追求。

逆强化学习（IRL）则提供了一种从结果反推原因的思考方式。当长期目标隐含或通过专家行为示范给出时，IRL 允许智能体从这些行为中学习并推断出背后的奖励函数，从而习得符合长期目标的行为策略。这与人类通过观察和模仿来学习社会规范和行为模式的过程颇为相似。

分层强化学习通过将复杂任务分解为多个层次的子任务，使得智能体能够在不同的时间尺度上进行规划和决策。这种分层方法不仅提高了问题解决的效率，也使得智能体能够更加灵活地应对多变的环境，这与人类在组织管理和社会结构设计中采用的分层系统有着异曲同工之妙。

最后，安全和约束的考虑是确保智能体行为符合道德和操作规范的重要保障。通过在奖励函数中加入惩罚项或使用约束优化，智能体在追求奖励的同时，也必须考虑到行为的安全性和合理性，这反映了人类社会对伦理和规则的重视。

通过这些策略和技术，强化学习使智能体能够在追求即时奖励的同时，保持对长期目标的追求。这要求智能体具备高度的适应性和策略性，以及对未来可能发生情况的预测能力。随着强化学习算法的不断进步，智能体在处理这种即时与长期奖励之间的平衡问题上将变得更加熟练和有效。

总而言之，强化学习作为具身智能领域的一个重要分支，其研究和应用正不断地拓展智能的边界。通过深入探索强化学习的理论基础和应用实践，我们有望揭开智能行为的更多奥秘，并为构建更加智能、适应性强、符合伦理标准的智能系统提供理论和技术支持。

4. 机器视觉

在具身智能的前沿探索中，机器视觉不仅是环境感知的基石，更是智能体与复杂世界互动的窗口。随着基于大模型的多模态学习成为研究的热点，机器视觉的角色正在经历一场深刻的变革。

首先，当前的机器视觉已经从单一的图像识别任务，扩展到更为复杂的场景理解。在这一过程中，深度学习，尤其是卷积神经网络的应用，已经为机器视觉领域带来了革命性的变化。卷积神经网络模型以其强大的特征提取能力，使得智能体在对象识别、场景解析和空间导航等方面取得了显著进步。随着大模型技术的发展，研究者开始探索如何将视觉信息与其他模态数据（如语言、声音、触觉）融合，以实现更高层次的语义理解和决策制定。

其次，多模态融合技术的发展，为机器视觉领域带来了新的研究方向。通过结合视觉数据与其他感官数据，智能体能够构建信息更为丰富的环境模型，从而在复杂环境中做出更加精准的决策。例如，结合视觉与语言的多模态模型，可以使智能体通过自然语言指令来理解和执行复杂的任务。这种跨模态的学习方法，不仅提高了智能体的适应性，也为理解人类的交流方式提供了新的途径。

再次，随着大规模预训练模型（如视觉语言模型）的兴起，机器视觉的研究开始关注模型的泛化能力和可扩展性。这些模型通过在海量数据上的预训练，能够捕捉丰富的视觉特征和语义信息，从而在不同的下游任务中实现知识迁移。然而，如何设计高效的预训练任务，以及如何实现模型的知识蒸馏和压缩，仍然是当前研究中的挑战。

此外，随着计算能力的提升和算法的改进，机器视觉在实时处理和动态场景理解方面也取得了重要进展。实时视觉系统的发展，使得智能体能够在快速变化的环境中及时做出反应，这对于自动驾驶、机器人操控等应用场合至关重要。同时，动态视觉的研究也开始关注智能体如何在序列数据中捕捉时间依赖性，以及如何预测未来的状态变化。

最后，随着机器视觉在具身智能中的重要性日益增加，其决策过程的可解释性和系统的可靠性也引起了研究者的关注。在这一背景下，研究者开始探索如何提高模型的透明度和可解释性，以及如何通过增强学习、元学习等技术来提升系统的稳定性和鲁棒性。

值得注意的是，在探索多模态学习的过程中，我们的目标是让机器能够像人类一样，通过视觉、听觉和触觉等多种方式来理解和互动。为了实现这一目标，研究人员开发了多种模型和技术，以确保不同模态的数据能够协同工作，而不是相互竞争。在AI的世界里，我们正试图教会机器像人类一样学习和思考。这不仅关乎数据处理，更涉及如何让机器通过多种感官来理解周围的世界。我们称这个领域为"多模态学习"，它就像是赋予机器的"超能力"，让它们能够"看到"图像、"听到"声音，甚至"感受到"触觉。

想象一下，当你看到一张猫的图片时，你不仅认出了猫的形状和颜色，还可能联想到它的叫声或柔软的毛发。UNITER模型就是这样一种尝试，它结合图像和文字，帮助机器更全面地理解信息。这就像是给机器配备一本图文并茂的百科全书，让它能够通过图片和文字来学习。

就像是在没有教师的情况下，学生可以通过玩耍和探索来学习新事物，同样，自监督学习的模型（如 MAE 和 BeiT），让机器能够在没有明确指示的情况下学习。它们能通过观察大量的图像，自己找出规律，就像是孩子们在游乐场里自我探索。

CLIP 模型则像是一个勤奋的学生，它通过比较大量的图像和文字描述，学会如何将它们联系起来。这样，当我们说"一只可爱的小猫"时，它就知道我们在谈论什么。

ViLT 模型则更加直接和高效，它不需要复杂的预处理步骤，就能直接处理图像和文本。这就像是让机器直接用原材料制作食物，而不是依赖现成的加工食品进行料理。这样不仅保留了更多的营养，而且和料理不同的是，对机器而言，直接用原材料还节省了时间。

SimVLM 模型则专注于将知识从一个任务迁移到另一个任务，这就像是学生在掌握了一门课程后，能够更容易学习新的课程。这种能力让机器能够更快适应新环境和新任务。

BLIP 模型引入了一种引导学习机制，它通过同时学习图像和文本，帮助机器更好地理解它们之间的关系。这就像是通过双语教育，让学生能够更深入地理解两种语言。

Beit V3 模型则采用了一种新的架构，它能够同时处理多种类型的数据，提高了模型的灵活性和效率。这就像是发明了一种多功能的工具，可以用同一种工具完成多种工作。

最后，为了解决不同模态数据之间的不平衡问题，研究人员开发了新的方法，比如 OGM-GE，它通过调整不同模态数据的权重，帮助机器更公平地处理各种信息。这就像是在学校里，要确保每个学生都能全面地得到关注，而不是只关注某个特定领域。

通过这些方法，我们不仅提高了机器处理多模态数据的能力，还让它们能够更好地泛化到新的、未见过的情境中。这就像是训练一位多才多艺的演员，他不仅能在剧中扮演各种角色，还能在现实生活中灵活应对各种挑战。这些进步为人们打开了一扇门，这扇门通向更加智能、更加人性化的 AI 未来。

综上所述，机器视觉在具身智能领域的发展，正面临着前所未有的机遇和挑战。基于大模型的多模态学习、实时处理和动态场景理解、模型泛化和可扩展性，以及系统的可解释性和可靠性，将是未来研究的重要方向。通过不断地探索和创新，我们有望在这些领域取得突破。

5. 计算机图形学

在具身智能的奇妙世界里，计算机图形学扮演着魔术师的角色，利用精湛的物理仿真技术，它为人们构建了一个试验和训练的宇宙。这个宇宙不仅让我们得以模拟复杂的物理交互，还帮助我们深入理解智能体如何适应多变的环境。英伟达等公司的尖端物理仿真技术，就像是给具身智能的发展注入了一剂催化剂，推动着它以惊人的速度向前发展。

首先，计算机图形学在模拟和重建复杂环境方面，发挥着类似画家的关键作用。通过运用高级的图形渲染技术，研究者能够创造出令人难以置信的逼真三维环境。这些环境对于训练和测试具身智能系统至关重要，它们像是一座桥梁，连接着虚拟与现实，帮助我们洞察智能体在现实世界中的潜在表现，并为机器学习算法提供一个无风险的试验场。

其次，计算机图形学与 VR 和 AR 技术的结合，为具身智能开辟了新的交互维度。在 VR 和 AR 的环境中，智能体能够实时地与周遭环境互动，这种沉浸式的体验不仅丰富了数据收集和算法训练的途径，也为我们探索智能体的感知和认知提供了新的视角。

最后，计算机图形学在提升具身智能系统的可解释性方面，也展现出了其类似教师的潜力。通过可视化技术，研究者可以更直观地洞察智能体的决策逻辑和行为模式。这种透明化不仅对于优化算法至关重要，也极大地提升了用户对智能系统的信任和接受度。

值得注意的是，在英伟达 GTC 2024 大会上，一系列创新技术亮相，它们不仅标志着计算机图形学和具身智能领域的新高度，更是对未来智能本质的深刻洞察。

首先，英伟达 Omniverse Cloud 的扩展，通过其 API，为开发者提供了将 Omniverse 的核心技术与现有的数字孪生设计及自动化软件应用相集成的能力。这不仅是技术层面的飞跃，更是对工业数字孪生应用和工作流创建方式的革新。Omniverse Cloud 的这种开放性，预示着未来工作流程的无缝协作和高效整合将成为可能。

其次，作为 Hopper 芯片的继承者，英伟达 Blackwell 芯片问世了，它以双倍的速度和高达 576 个图形处理器（GPU）的扩展能力，为高性能计算和图形处理树立了新的标杆。Blackwell 芯片的推出，不仅是硬件性能的突破，更是对未来计算需求的前瞻性布局。

数字孪生技术的应用，展示了英伟达公司如何通过仿真和数字孪生技术优化数据中心设计。这种技术使得工程团队能够在物理实施之前，对设计进行全面的测试、优化和验证，从而为数据中心的建设和运营提供了坚实的基础。

AI 与计算机图形学的结合，是英伟达 Omniverse 虚拟世界模拟的核心。英伟达公司首席执行官黄仁勋展示的 AI 自制音乐会，不仅展示了 AI 在图形学和艺术创作中的潜力，更是对 AI 创造力的一种探索和肯定。

在机器人技术与 AI 的融合方面，英伟达 DRIVE Thor 平台的推出，预示着未来的自动驾驶汽车将更加智能化和高效。比亚迪选择英伟达的下一代计算平台，标志着汽车行业对智能化和自动化的深度拥抱。

最后，英伟达 AI 代工服务和英伟达 NIM 微服务的合作，通过自定义大语言模型，使得企业能够充分利用业务数据。这不仅加深了 AI 在企业级应用中的渗透，也凸显了计算机图形学在商业智能中的重要性。

这些技术的集体亮相，不仅推动了计算机图形学和具身智能领域的发展，更预示着无论是游戏、影视制作，还是 3D 内容生成，都将在未来迎来一场由技术创新驱动的产业革命。这些技术的发展，让我们对智能的本质有了更深的理解，也让我们对未来的智能世界充满了期待。

综上所述，计算机图形学在具身智能中的作用就像一位建筑师，为我们打造了强大的工具和平台。它不仅支撑着环境的模拟和交互的增强，还在物理仿真和系统可解释性方面发挥着不可或缺的作用。随着技术的不断进步，我们可以预见计算机图形学将继续引领具身智能领域向更高层次的智能和复杂性迈进。

6. 自然语言处理

在具身智能领域，自然语言处理正借助深度学习的力量实现前所未有的进步。这一进步不仅体现在语言模型的规模和复杂性上，更在于它们对语言深层次理解的能力中。

作为深度学习在自然语言处理领域的里程碑，谷歌的 BERT 模型和 OpenAI 的 GPT 系列通过海量文本数据的预训练，已经能够捕捉语言的细微差别和深层语义。这些模型的提出显著提升了机器在语言翻译、文本摘要、情感分析等任务上的表现，为智能体与人类的自然交流奠定了基础。

在语境理解方面，麻省理工学院等机构的研究者正在努力让智能体理解语言在不同情境下的多样性。这要求模型不仅要掌握语言的表面意义，还要能够解析出语言背后的深层意图和情感色彩。通过结合深度学习和符号逻辑，研究者试图构建出能够在复杂语境中准确理解和反应的智能体。

此外，跨模态交互作为自然语言处理的一个重要分支，正在通过结合图像、声音等多模态数据，提升智能体对情境的全面理解。谷歌的 mBERT 等模型通过联合学习图像和语言的表示，展示了在多模态任务中的潜力。

对话系统和生成模型的研究也在不断深入。生成对抗网络和变分自编码器（VAE）等算法被用来生成更加自然和富有表现力的语言，推动了对话系统向更加人性化的方向发展。

随着技术的发展，自然语言处理在多语言和跨文化交际中的作用日益凸显。研究者正在开发能够适应不同语言和文化背景的智能体，以促进全球化背景下的交流与合作。

同时，自然语言处理技术的伦理和可解释性问题也引起了广泛关注。研究者正在努力提高自然语言处理系统的透明度和可解释性，以确保这些系统能够在尊重用户隐私和文化差异的前提下工作。

总体来看，深度学习在自然语言处理领域的应用正推动着具身智能向更加智能化和人性化的方向发展。随着研究的不断深入，我们有理由相信自然语言处理将在未来发挥更加重要的作用，不仅推动智能体与人类之间的交流，也深化我们对智能本质的理解。

7. 元学习

　　元学习（Meta-Learning），作为机器学习领域的一项革命性进展，不仅拓宽了算法的学习能力，更深化了我们对智能本质的理解。这种方法，也被称为"学习到学习"（Learning to Learn），其核心在于赋予机器通过从过往经验中汲取教训，以更高效的方式适应新挑战的能力。

　　在元学习的过程中，我们见证了两个层次学习的精妙协同。内层学习（或称模型学习）专注于在特定任务上的训练，如分类、回归等，它为系统提供了执行具体任务的能力；而外层学习（或称参数学习）则是策略性的，它指导系统如何根据多任务的经验选择最优的学习策略、调整学习率等，从而实现对学习过程本身的优化。

　　在 AI 的演进历程中，元学习正逐渐揭开智能深层次本质的面纱。它不仅是一种学习方法，更是一种对智能进行再思考的哲学。元学习的核心在于使机器通过历史经验来优化学习过程，从而在面对新任务时能够快速适应变化和掌握要领。这种方法与传统的深度学习形成了鲜明对比——后者通常依赖大规模的数据集和计算资源来训练特定任务的模型。

　　在具身智能领域，元学习的应用尤为引人注目。具身智能强调智能体通过与环境的物理交互来获得认知能力，而元学习则提供了一种机制，使得智能体能够在有限的交互中迅速学习并将成果泛化到新的情境。例如，通过元学习，机器人能够在观察人类操作数次之后，快速模仿并执行类似的任务，这在自动化和制造业中具有巨大的应用潜力。

此外，元学习在强化学习领域的应用也展现出独特的价值。在这一领域，智能体必须通过与环境的交互来学习策略，而元学习提供了一种快速适应新环境和任务的能力，这对于自动驾驶汽车和游戏 AI 等复杂系统来说至关重要。

在自然语言处理中，元学习同样展现出其强大的适应性。通过元学习，语言模型能够快速调整和适应新的语言环境或任务，这在处理语言的多样性和变化性时尤为重要。

元学习还在无监督学习领域发挥作用，它通过学习数据的内在结构和模式，提高了模型对未知数据的泛化能力。此外，元学习在医疗视觉问答、人脸识别等应用中也取得了显著的成果，这些成果不仅展示了元学习技术的实用性，也反映了其在推动智能系统向更高层次发展中的关键作用。然而，元学习的发展也面临着挑战，计算成本的高昂、对复杂任务的适应能力以及泛化性能尚待提升，这些都是当前研究的热点。未来的研究需要探索更高效的优化方法，以降低元学习模型的训练成本，并提高其在更广泛任务上的性能。

总之，元学习作为 AI 领域的一个重要分支，正在不断推动人们对智能本质的深入理解。通过使机器具备"学会学习"的能力，元学习不仅为解决现实世界中的复杂问题提供了新的途径，也为实现真正意义的通用人工智能铺平了道路。随着技术的不断进步，我们有理由相信，元学习将在未来的智能系统中扮演更加重要的角色。

8. 认知科学

在具身智能的蓬勃发展中，认知科学的贡献不仅有助于智能体构建模拟人类行为的认知模型，更是智能体理解复杂人类行为的基石。借鉴丹尼尔·卡尼曼 (Daniel Kahneman) 等学者的理论，认知科学在具身智能领域的应用，引领着 AI 的决策和学习过程向更深层次发展。

认知科学的核心作用体现在它强调了感知与行动之间的不可分割性。在具身智能的实践中，这意味着智能体的认知过程不仅限于数据处理，还扩展到与环境的物理互动。这种互动是智能体认知发展的关键，因为它涉及智能体如何通过其物理形态与外部世界建立联系。研究表明，智能体的设计和其感知能力之间的相互作用，对于复杂任务的高效执行至关重要。

此外，认知科学的研究成果为具身智能提供了模拟人类认知过程的理论基础。通过深入分析人类的注意力、记忆、学习和决策等过程，研究者能够设计出更加高级和自然的 AI 系统。这些系统不仅能执行预定任务，还能在面对新环境和新挑战时展现出适应性和灵活性。认知科学还关注智能体的社会认知能力，这对于具身智能尤为重要。智能体的社会互动能力是其智能水平的重要体现，认知科学的研究有助于智能体在识别和响应人类情感、意图和行为方面取得进步。这种能力的提升，对于智能体在人类社会中的融入和发挥作用至关重要。

具体来说，在具身智能的探索旅程中，认知科学的理论提供了一幅理解智能本质的"详细地图"。这一领域的研究揭示了身体与环境互动在认知发展中的核心作用，指引我们在设计智能系统时，不仅要模拟大脑的处理能力，更要重视身体动作和感知能力在智能行为中的根基作用。借鉴认知科学，具身智能的设计应突破传统 AI 的界限，通过模拟人类的"感知—行动"循环，赋予机器与复杂世界互动的能力。

这种设计哲学认为，智能不仅是数据处理，更是身体与环境之间不断循环的动态过程。例如，通过模仿人类的学习过程，具身智能系统能够通过与环境的互动来自主学习和适应，从而在不断变化的环境中保持灵活性和适应性。

此外，具身智能系统的设计还应整合多模态感官输入，模拟人类通过视觉、听觉和触觉等多种感官来理解世界。这种多模态感知能力是实现高级认知功能（如情境感知和决策制定）的关键。同时，具身智能的发展还依赖神经科学技术的进步，这些技术使我们能够更深入地理解大脑如何处理和整合来自身体和外部世界的信息。在这一过程中，跨学科合作成为推动具身智能发展的重要力量。认知科学家、机器人工程师、计算机科学家和心理学家等学科专家的共同努力，将为创造出能够模拟人类认知和行为复杂性的智能系统提供帮助。

同时，具身智能的设计也必须考虑文化和个体差异，以实现更加个性化和人性化的交互体验。随着技术的不断进步，具身智能的概念和应用正在逐渐成熟。它们不仅为我们理解智能提供了一种新的视角，也为智能系统的设计和开发提供了新的工具和方法。

总体而言，认知科学在具身智能中的作用不可或缺，它不仅为智能体提供了认知模型的理论基础，还推动了智能体在感知、决策、学习和社交互动等多维度上的能力提升。随着认知科学与具身智能技术的不断融合和发展，我们期待智能体在认知能力上实现质的飞跃，为人类社会带来更多可能性和价值。

第二节 模型构建：打开智能理解之门

在 AI 的广阔领域中，具身智能的概念正引领一场深刻的范式转变。具身智能不仅是对机器人物理形态的智能化，更是一种哲学和认知科学的融合体现，强调智能的生成与发展源自智能体与环境之间的动态互动。这一理念深受莫里斯·梅洛–庞蒂的现象学和弗朗西斯科·瓦雷拉（Francisco Varela）的神经现象学的影响，两种学说共同揭示了智能是身体与环境交互的结果，而非只是大脑中的抽象思考。

通过模型构建，我们能够将机器学习、自然语言处理、计算机视觉等 AI 领域的前沿知识和技术整合，形成一个综合性的智能模型。这个模型融合了视觉感知、自然语言理解、行为决策等子模型，每个子模型都是对特定领域深入理解的体现。通过对这些子模型的集成和优化，我们能够全面理解和掌握具身智能，实现对复杂任务的高效执行。

具身智能的核心在于其学习方式的革新。与传统 AI 依赖大量数据和算法不同，具身智能更侧重通过感知、探索和实验与物理世界互动来学习。这与婴儿的学习过程有着惊人的相似性：从学习行走到掌握语言，人类的学习过程充满探索和实践，具身智能正是模仿这一过程，以实现更加自然和灵活的智能行为。

具身智能的应用前景是广阔的，从自主机器人到智能假肢，从家庭服务到工业自动化，具身智能的潜力和价值在被不断发掘。这些应用不仅展示了技术的进步，更指明了智能科学的新方向，预示着对未来社会的深远影响。

然而，具身智能的研究并非没有挑战。执行复杂任务不仅需要视觉感知，还需要深层次的视觉推理能力，以及对场景中三维关系和物体间相对位置的理解。此外，情感识别和社交交互也是具身智能需要深入探究的领域，这些能力对于实现机器对环境的深度理解和与人类的高效沟通至关重要。

值得注意的是，在多任务学习领域，如何避免任务数量组合爆炸成为一个巨大挑战。但通过共享表示和元学习等方法，智能体能够在执行任务的同时学习与其他任务相关的知识，从而提高学习效率并降低数据需求。

泛化问题是衡量智能体学习效果的关键指标。早期研究发现，即使在与训练数据相似的任务上，使智能体将学到的策略泛化也是极其困难的。随着研究的深入，我们开始理解智能体在学习中对于高级抽象和泛化能力的需求。换言之，在具身智能的泛化能力提升之旅中，我们面临着一项艰巨但至关重要的任务：确保这些智能系统能够在多样的环境中灵活应对、学习和适应。这一过程不仅需要技术创新，还需要深入理解智能的本质。

首先，我们在多样化的训练环境中模拟具身智能系统，使其在面对未知情境时能够展现出适应性和弹性。这种训练策略反映了一种认知科学的深刻见解，即通过丰富的感官体验促进认知的深度发展。正如心理学家让·皮亚杰（Jean Piaget）所强调的，儿童通过与环境的互动学习和发展认知结构，具身智能系统也需要通过类似的探索性学习来提升其泛化能力。

其次，我们采用多任务学习和元学习方法，使智能体在面对新任务时能够快速调整和优化其策略。这种方法体现了一种教育哲学，即通过跨学科学习培养个体的通用能力和创新思维。在具身智能领域，这意味着智能体能够识别不同任务之间的内在联系，并将其应用于适应新的挑战。

再次，强化学习算法的应用（尤其是在与环境的交互中学习策略的过程）进一步强化了智能体的自主性和自适应性。这与生物学中的自然选择原理呼应——正是通过不断地试错和适应环境，生物体发展出了高效的生存策略。

在模拟到现实的迁移过程中，我们努力确保模拟环境与现实世界之间的相似性，以便智能体能够在物理世界中有效地应用其在模拟中学到的技能。这一过程体现了一种对现实与虚拟界限的哲学思考，即通过模拟来预测和准备应对现实世界中的挑战。

数据增强、正则化技术和集成学习等方法的应用，进一步提高了智能体的泛化能力。这些技术的应用不仅展示了机器学习领域的最新进展，也反映了一种对智能系统稳健性和可靠性的追求。对抗性训练和跨域测试等策略，使智能体能够在面对敌意攻击和不同分布的测试时保持鲁棒性。这些方法的应用体现了一种对智能系统安全性和可信度的深刻认识。

最后，对持续学习和解释性的追求，确保了智能体在长期部署中能够不断进步，并使其决策过程更加透明和可理解。这不仅关乎技术的进步，更关乎对智能本质的深入思考——智能不仅是解决问题的能力，更是对环境的理解和适应。

综上所述，提升具身智能系统的泛化能力是一个多维度、跨学科的挑战。它要求我们不断探索和创新，同时也要求我们对智能的本质进行深刻的哲学和科学反思。通过这些努力，我们有望实现智能系统在更广泛环境中的有效应用，并推动智能科学向更深层次发展。

下面，我们来探讨通过模型构建来理解具身智能。

"通过构建来理解"这一方法论为我们探究智能的奥秘提供了一种崭新的视角：我们可以通过创造智能系统来更深层次地揭示智能的本质。这一观点不仅在技术领域产生了深远影响，而且在哲学和认知科学的篇章中也留下了重要的印记。正如罗尔夫·菲佛（Rolf Pfeifer）和乔希·邦加德（Josh Bongard）在《身体的智能：智能科学新视角》（*How the Body Shapes the Way We Think: A New View of Intelligence*）一书中所述，通过制造能模拟生物体的机器人，我们可以深入探索人类和动物的智能。

在具身智能领域，"通过构建来理解"的研究方法日益受到广泛的重视。这种方法提倡通过构建和实验智能体洞悉智能的核心和运行机制。尽管现有的研究已经取得一些成果，但这一领域仍然充满挑战和未解之谜。结合全球最前沿的学术研究成果，我们在下文揭示这一研究方法在具身智能中的一些新的诠释和理论。

首先，"通过构建来理解"的方法论强调了实践经验在认知发展中的关键作用。通过构建具有不同感知和行动能力的智能体，研究者能够深入探索这些能力如何塑造智能体的学习、决策，乃至整个认知过程。这种实践导向的方法与哲学中的实用主义的部分思想相呼应，均强调了通过行动和互动来获取知识和理解世界的重要性。

其次，这种方法为模拟和理解人类智能提供了独特的洞察途径。通过创建能够模仿人类行为和认知过程的智能体，研究者不仅能验证关于人类智能的理论，还能发现新的认知机制和模式。这种方法推动了 AI 与认知科学、心理学、神经科学等领域的交叉融合，为智能体的设计和理解提供了更为厚实的科学基础。

再次，"通过构建来理解"的方法还强调了迭代设计和实验的重要性。在具身智能的发展过程中，不断的迭代和改进是理解复杂系统的关键。每一次的构建和实验都是对理论的一次检验，也是对智能体性能的一次提升。

最后，这种研究方法还启发了新的教育模式。在具身智能的教学和学习中，"通过构建来理解"的方法鼓励实践和创新性思考，能帮助学生更深入地理解智能系统的工作原理和设计理念。这不仅增加了学生的理论知识，更在实践中锻炼了他们的问题解决能力和创新思维。

综上所述，"通过构建来理解"的方法论为具身智能的研究提供了一种全面、深入且具有实践意义的探索途径。它不仅推动了智能技术的创新，更深化了我们对智能本质的理解，引领我们向更加智能且适应性强的未来迈进。

另外，在深度学习和具身智能领域的最新研究中，我们见证了一些革命性的突破，尤其是在语言任务的预训练以及组合性和系统性泛化方面。

深度学习模型在处理组合性任务方面的长期挑战已经取得了显著进展。早期的模型在应对训练数据中未直接出现的复杂任务时常常表现不佳，但是近期研究表明，基于 Transformer 架构的模型在语言任务的预训练中展现出了卓越的泛化能力。研究发现，经过语言任务预训练的 Transformer 模型在视觉、蛋白质折叠和数值计算等领域的任务上，经过微调后的表现远超直接训练的模型。这一发现揭示了语言任务中学习到的结构特征对其他任务具有一定适用性。

在具身智能领域，DeepMind 的 RT-X 等大型模型研究也采用了类似的预训练策略。这些模型最初在大规模语音数据集上预训练，然后在视觉任务上进行微调，最终在多形态的具身任务数据集上进行训练，展现出了零样本泛化到新任务的能力。这一进展为具身智能的数据采集成本问题提供了潜在的解决方案，并为系统性泛化开辟了新的可能性。

这些研究成果不仅对深度学习和具身智能领域具有重要意义，而且为我们理解智能的本质提供了新的视角。它们揭示了通过语言预训练实现跨领域泛化的可能性，并为未来深度学习模型的设计和应用提供了新的思路。

实现通用具身智能的关键在于使机器学习系统能够从自然模态中学习到关于世界的层级化抽象，从而构建一个有效的世界模型。这种世界模型对于智能体理解复杂的现实世界和互动于复杂的现实世界中至关重要。它需要统一感知与认知的框架、实现长期预测与规划的计算可行性，以及理解事件间的因果关系。

值得注意的是，在探索通用具身智能的宏伟蓝图中，构建能够精准映射并有效互动于变幻莫测的现实世界的智能系统，是我们追求的终极目标。实现这一目标的关键在于机器学习系统能从自然模态中提炼出关于世界的层级化抽象，并据此构建一个功能完备的世界模型。以下是对这一核心议题的深入探讨。

首先，层级化抽象是自然界的基本构成原则，它不仅体现在从原子到分子，再到细胞，乃至生物体的复杂组织结构中，也反映在人类社会的方方面面。智能系统若要模拟并理解这一现象，就必须发展出识别并抽象不同层级特征和规律的能力。正如生物学家所揭示的，生命体的复杂性源自其层次化的生物结构，智能系统也需要遵循这一原则，以实现对复杂现象的深刻理解。

其次，世界模型的构建是智能体理解环境的基石。这个模型不仅要包含环境的物理属性、物体间的关系，还要涵盖影响智能体决策和行动的各种因素。正如哲学家所探讨的，知识的构建是一个由表及里、由浅入深的过程，智能体的世界模型也需要循序渐进地达到这样的深度和广度，以确保其能够准确反映外部世界的多维特征。在此基础上，统一感知与认知框架是确保智能体无缝处理外部信息并形成对世界的深刻理解的关键。这一框架的建立，需要借鉴心理学中关于感知与认知交互的理论，确保智能体的感知输入与认知过程协同工作，从而实现对环境的准确理解。

跨模态学习是智能体适应多变环境的关键能力。它要求智能体能将在一种模态下获得的知识迁移到其他模态中，这种能力类似心理学中的"跨通道知觉"。对于智能体而言，这种能力有助于其在面对不同环境和任务时保持灵活性和适应性。

最后，持续学习和适应是通用具身智能系统的必备特性。正如教育学家强调的终身学习对人的重要性，智能体也需要具备在整个生命周期中不断从经验中学习的能力，以更新其世界模型，适应环境的变化。

综上所述，实现通用具身智能不仅需要技术上的创新，更涉及对智能本质的深刻洞察。这包括对感知、认知、学习、预测、规划和因果推理等领域的深入研究。随着这些领域的不断进步，我们有望逐步构建出能够真正理解复杂世界且互动于复杂世界的智能系统。它们将不仅是工具和助手，更是我们探索未知世界的伙伴和向导。

通过这些探索和实验，我们可以期待未来在理解智能的本质方面取得更多突破，并在实现真正的通用具身智能方面取得更大的进步。这需要我们不断创新，寻找新的方法和策略，同时深入理解认知科学、心理学、神经科学等领域的最新研究成果。

目前的具身智能系统在感知和认知之间看似独立完成工作，然而真正的智能需要的是在一个统一的框架下，将这些感知任务优化，从而自然地引出认知能力，这种统一的感知与认知框架的构建是实现真正智能的关键步骤。

第三节　案例深探：具身智能系统的实际面貌

正如前面所说，在 AI 系统的构建过程中，确保其能够准确捕捉自然模态中的层级化抽象是一项具有挑战性的任务，它要求我们深入探索智能的本质，并在多个层面上进行细致的设计和考量。这一过程不仅需要技术的创新，更需要哲学的思考，以及对自然界运作原理的深刻理解。

首先，多模态学习是构建世界模型的关键。正如人类通过视觉、听觉、触觉等多种感官来理解世界，机器学习系统也需要整合不同模态的信息，实现跨模态的理解和抽象。正如心理学家霍华德·加德纳（Howard Gardner）所提出的多元智能理论，这种整合能力强调了智能的多样性和复杂性。

自监督学习则为模型提供了一种从无标注数据中提取有用特征的方法，这类似儿童通过观察和探索环境来学习世界的方式。这种方法有助于智能体捕捉自然模态中的抽象信息，正如哲学家约翰·杜威（John Dewey）所强调的经验在知识形成中的重要性。

强化学习与模仿学习则为智能体提供了与环境互动和从他人行为中学习的双重途径。强化学习通过奖励和惩罚来引导智能体的行为，而模仿学习通过观察和模仿专家的行为来学习复杂任务，这与社会学家阿尔伯特·班杜拉（Albert Bandura）的社会学习理论相呼应。

构建具有层级化结构的模型，模拟人类认知过程中由低级到高级的抽象层次，是实现智能系统对复杂现象理解的关键。这种层级化架构反映了认知心理学中的层次加工理论，强调了从感知到认知的逐层抽象过程。

世界模型的构建，是机器学习系统能够模拟和预测环境动态变化的基础。一个准确的世界模型能够捕捉到环境的层级化抽象，正如物理学家艾萨克·牛顿（Isaac Newton）通过构建力学模型来预测天体运动一样，一个准确的世界模型使我们能够理解和预测自然现象。

预测与推理的能力，对于智能体理解事件之间的因果关系至关重要。这种能力不仅涉及对当前状态的分析，还包括对未来可能状态的预测，以及对不同行为后果的推理，这与哲学家大卫·休谟（David Hume）关于因果推理的探讨一致。

任务指定问题即如何精确地定义和指定一个任务，这是机器学习领域中的一个核心问题。它要求我们明确智能体的目标和行为准则，以确保模型能够学习到正确的行为，这与伦理学家对行为规范的讨论有着内在的联系。

神经网络架构的改进，如 Transformer 或其变体的使用，为捕捉复杂关系和抽象提供了新的途径。这些架构的设计灵感往往源于对自然神经系统的模仿，体现了生物学原理在 AI 设计中的应用。

学习法则与目标函数的设计是促进模型学习到结构化和层级化表示的关键。这些法则和函数的设计需要考虑到智能体的长期发展和适应性，正如教育学家对教育目标和评价体系的构建，其设计旨在引导和激励学习者的成长。

丰富的训练数据和良好的环境为模型提供了学习和泛化的机会。这种多样性和丰富性是智能体学习广泛层级化抽象的基础，正如生态学家对生物多样性的研究，强调了不同环境对生物适应性的影响。

分层联合嵌入预测架构（JEPA），通过堆叠的方式进行更抽象、更长期的预测，这不仅体现了计算机科学中的模块化设计思想，也反映了对复杂系统进行层次化理解和控制的工程学原理。

其次，对科学事业的长期投入是实现通用具身智能的关键。实现通用具身智能需要跨学科的合作，包括计算机科学、认知科学、心理学、哲学、神经科学等领域的共同努力。这一过程正如科学史家托马斯·库恩（Thomas Kuhn）所描述的科学革命，它往往是漫长而渐进的，需要不断地假设、实验和修正。

通过上述方法，AI 系统可以逐步提升捕捉自然模态中层级化抽象的能力，构建出更加精确和有用的世界模型。我们接下来梳理一下具身智能相关的案例。

在探索具身智能的宏伟征程中，波士顿动力公司（Boston Dynamics）以其在机器人技术方面的突破性创新成为该领域的翘楚。其创新案例不仅丰富了智能机器人的形态与功能，更深化了我们对具身智能本质的理解。

Atlas 人形机器人的发展历程，宛如一部科技进化史。从最初的步履蹒跚到现在的跑酷、体操和舞蹈，Atlas 的每一次飞跃都是对人类运动能力的一次致敬，也是对机器人平衡控制和行动规划技术的一次革新。Atlas 的进步不仅展示了机械工程的精妙，更是对 AI 领域中"形态生成"理论的一次实践。

Spot 机器狗则以其在多变地形中的稳健行走和多领域应用，成为具身智能在现实世界中的一个缩影。Spot 的成功部署不仅体现了机器人技术的实用性，也标志着具身智能从实验室走向实际应用的重要一步。

电动版 Atlas 的推出标志着波士顿动力公司在能源效率和续航能力上的重大进步。这一转变不仅是技术层面的突破，更是对未来机器人发展方向的一次深远思考。电动版 Atlas 的头部和腰部 180° 的旋转能力，更是对机器人灵活性的一次全新定义。

Handle 和 Stretch 机器人则展现了波士顿动力公司在特定任务场景下，对机器人运动能力和操作精度的不懈追求。从 Handle 的高速移动与障碍跨越，到 Stretch 在仓库中的高效作业，这些机器人的设计和应用，都在不断拓展具身智能的边界。

作为早期的四足机器人，BigDog 在不平坦地面上的稳定性和载重能力，为后续腿式机器人的研发奠定了坚实的基础。BigDog 的设计和应用是对腿式机器人动力学和平衡控制技术的一次深刻探索。

在控制架构和算法方面，波士顿动力公司的深入研究（如 BigDog 所使用的 AI 路径规划算法，以及集成的多种传感器）不仅提升了机器人的自主性，也为机器人在复杂环境中的决策和行动提供了强有力的支持。

在商业化和应用探索方面，波士顿动力公司与现代汽车集团的合作加速了先进技术向商业产品的转化。电动版 Atlas 的推出，不仅是技术上的一次飞跃，更是对机器人商业化路径的一次积极探索。

波士顿动力公司的这些创新案例，不仅展示了其在机器人技术领域的领先地位，更体现了其不断推动技术边界，致力于将机器人技术应用于实际场景的愿景。这些成就，让我们对具身智能的未来充满了无限期待，也为我们提供了对智能本质深入思考的丰富素材。随着技术的不断进步，我们可以预见，具身智能将在更多领域展现出其独特的价值和魅力。

显而易见，该公司的创新之处不仅体现在技术层面，更体现在其对智能本质的深刻理解和探索。

首先，波士顿动力公司的机器人，如 Atlas 人形机器人和 Spot 机器狗，通过高度模仿自然运动实现了对生物步态和平衡方式的精确模拟。这种模仿不仅限于外在观感，更深入到运动力学和动态平衡的内在原理，使得机器人能在复杂多变的地形中稳定行走和奔跑，这在某种程度上反映了生物学家查尔斯·达尔文（Charles Darwin）关于生物进化和自然选择的深刻见解。该公司的控制算法同样引人瞩目，它赋予了机器人在受到外力或处于不平坦地面时的动态平衡能力，这种算法的设计灵感源于生物学中的稳定性和自适应性原理，体现了对自然界中生物稳定性机制的深刻模仿。

在设计哲学上，波士顿动力公司采用了模块化和自适应设计，这不仅体现了工程学中的灵活性和可扩展性，也反映了生态学家对生物多样性和适应性的理解。机器人的自主导航能力，通过集成的传感器和机载计算机实现，这在某些层面上与心理学中关于感知和认知过程的研究不谋而合。特别值得一提的是，Handle 和 Spot 机器人的机械臂设计，不仅模拟了人类手臂的运动，还能执行精细的操作任务，这在技术上实现了对人类精细运动技能的模拟，也体现了认知科学中关于运动控制和学习的理论。

波士顿动力公司的机器人的学习能力同样令人印象深刻，它们能够通过机器学习和 AI 技术从经验中学习，这一能力的开发与教育心理学中关于学习和记忆的理论相呼应。此外，机器人的交互式行为，如与人类或环境的互动，开门、搬运物品等，不仅展示了机器人的功能性，更触及哲学中关于意识、自由意志和人机关系的深层次讨论。

在能源效率方面，波士顿动力公司的进展体现了对可持续发展和环境保护的重视，这与现代社会对绿色能源和生态平衡的追求相契合。

波士顿动力公司在安全性、耐用性和可靠性上的设计考量，则展现了工程伦理和产品责任的重要性，这与社会学家对技术影响的分析和哲学家对技术伦理的探讨相呼应。集成感知系统的应用使得机器人能够更加精准地感知和理解其所处的环境，这在技术上实现了对人类感知系统的模拟，也与神经科学的研究成果相辅相成。

其次，波士顿动力公司在机器人设计中对伦理和隐私问题的考量，体现了对现代法律和伦理标准的尊重，这与法学家和伦理学家对技术应用的法律和道德界限的讨论不谋而合。

综上所述，波士顿动力公司的创新不仅推动了机器人技术的边界拓展，更为未来机器人在更多领域的应用奠定了基础，其在模拟和扩展人类及动物行为方面的探索，无疑为我们打开了一扇理解具身智能本质的窗口，同时也为我们剖析了关于技术发展与人类社会的相互作用。随着技术的不断进步，我们可以预见，这些机器人将在模拟和扩展人类及动物行为方面展现出更多的创新和可能性，成为我们探索未知、解决难题的得力伙伴。

第三章

身体、思维与人工智能的交互

第一节　人类心智与人工智能的相互启迪

1. 人类心智对 AI 设计的影响

处在人类心智与 AI 的交汇点上，我们正经历一场前所未有的认知革命。这场革命如同文艺复兴时期对人类理性的重新发现，不仅是技术层面的突破，更是对人类认知本质的深刻洞察和模拟。作为理解智能行为的核心学科，人类的认知心理学对 AI 的设计产生了深远的影响，其意义不亚于牛顿力学对现代物理学的贡献，其影响主要体现在以下方面。

认知偏差与决策模拟：阿莫斯·特沃斯基（Amos Tversky）和丹尼尔·卡尼曼的认知偏差理论，如同经济学中的"看不见的手"，为我们提供了理解人类决策过程中非理性因素的重要视角。

在 AI 设计中，模拟这些认知偏差可以使 AI 系统在处理不确定性和复杂性时更加接近人类的直觉判断，从而提高决策的质量和适应性。这不仅是对人类心智的模仿，更是对人类行为模式的深刻理解和应用。

双系统理论的启示：卡尼曼的双系统理论犹如西格蒙德·弗洛伊德（Sigmund Freud）的心理分析理论，揭示了人类思考的两种模式——快速直觉的系统1和慢速逻辑的系统2。在 AI 设计中，通过模拟这两种思考模式，可以使 AI 系统在面对不同任务时灵活切换，既能快速做出直觉判断，又能进行深入的逻辑推理和分析。这种设计哲学，正如柏拉图的理念论，追求的是一种对心智本质的深刻把握和模拟。

神经科学的融合：随着神经科学的不断进步，我们对人脑的信息处理机制有了更加深入的理解，这类似达尔文的进化论为理解生物多样性提供了框架。这些知识的应用使得 AI 系统能够更好地模拟人脑的工作原理，从而在感知、记忆、学习等方面取得突破。例如，通过模拟人脑的神经网络结构，可以设计出更加高效的深度学习算法，这在某种程度上模拟了人类大脑的惊人能力。

具身智能的前瞻性思考：具身智能的概念，强调智能行为与身体、环境的密切关系，这与马丁·海德格尔的存在论有着异曲同工之妙。在 AI 设计中，通过考虑智能体的身体结构和感知能力，可以使 AI 系统更好地适应不同的环境和任务。例如，通过模拟人类的运动控制机制，可以设计出更加灵活且适应性强的机器人，这不仅是技术的进步，更是对人类身体与心智关系的一种深刻体现。

多模态学习与认知发展：让·皮亚杰的认知发展理论，强调了适应性在学习过程中的重要作用，这与列夫·维果茨基（Lev Vygotsky）的社会文化理论相辅相成。在 AI 设计中，通过模拟人类的认知发展过程，可以使 AI 系统具备更好的学习和适应能力。同时，通过融合视觉、语言、情感等模态的信息，可以使 AI 系统更加全面和深入地理解世界，这在某种程度上模拟了人类婴儿从出生到成熟的认知发展过程。

社会文化因素的影响：人类的认知和行为受到社会文化环境的深刻影响，这一点在 AI 设计中也得到了体现。考虑社会文化因素，可以使 AI 系统更好地理解和适应不同的社会文化背景。例如，模拟人类的社会互动和文化传播机制，可以设计出更加智能和人性化的社交机器人，这不仅是对人类社会行为的模仿，更是对人类文化传承的一种深刻理解和尊重。

自我意识与反思能力：人类区别于其他动物的一个重要特征是具备自我意识和反思能力，这一点在 AI 设计中也尤为重要。赋予 AI 系统一定程度的自我意识和反思能力，可以使 AI 系统更好地理解自身的状态和行为，从而做出更加合理且有效的决策。这种设计，正如伊曼努尔·康德（Immanuel Kant）的先验哲学，追求的是一种对自我认知的深刻理解和应用。

总之，人类心智与 AI 的结合，为我们打开了一扇通往未知世界的大门。通过深入研究人类的认知机制，我们可以设计出更加智能、适应性强、具有社会文化理解能力和伦理责任感的 AI 系统。这不仅将极大地推动科技的发展，也将为我们理解人类自身提供新的视角和工具。

在未来，我们期待看到更多由人类心智启发的 AI 设计，以及这些设计引起的对人类心智的更深入理解。同时，我们也需要不断探索和解决 AI 发展过程中出现的伦理、责任等问题，以确保 AI 技术的健康发展和人类的长远利益。这场认知革命正如历史上的每一次重大科学进步，将引领我们进入一个全新的时代，一个由人类心智深刻理解和模拟的 AI 共同创造的时代。

2. AI 对人类认知和行为的影响

随着 AI 的迅速发展和普及，它已经开始在重塑我们的认知结构和行为模式方面扮演越来越重要的角色。犹如工业革命改变了人类的生产方式，AI 技术正在引领一场认知与行为的革命。正如雪莉·特克尔（Sherry Turkle）和尼古拉斯·卡尔（Nicholas Carr）的研究所揭示的，AI 和数字技术正在改变我们分配注意力的方式、记忆的方法，以及我们社交互动的模式。AI 的普及引发了一系列深刻的影响，这些影响涉及我们注意力的分散、记忆力的变化，甚至社交模式的转变。这些变化不仅对个体的心理健康产生影响，而且对社会关系和文化发展也有深远的影响。

首先，我们已经开始观察到 AI 如何改变我们的认知方式。

在尼古拉斯·卡尔的著作《浅薄：互联网如何毒化了我们的大脑》（*The Shallows: What the Internet Is Doing to Our Brains*）中，他指出，随着数字技术和 AI 的普及，我们的注意力变得更加分散，而深度思考的能力也受到了影响。这种新的信息处理方式与人类大脑的工作方式存在显著差异，导致我们在接收和处理信息时越来越依赖外部的智能系统，这可能会削弱我们的记忆力和深度思考的能力。这种依赖性类似马克思所言的"异化"，可能导致我们逐渐丧失与内在心智的直接联系。

其次，AI 也正在显著地改变我们的行为模式。在雪莉·特克尔的著作《群体性孤独：为什么我们对科技期待更多，对彼此却不能更亲密？》（*Alone Together: Why We Expect More from Technology and Less from Each Other*）中，她深入探讨了这一影响，尤其是在社交互动方面。AI 驱动的平台，如智能手机和社交媒体，正在重塑我们的社交行为，改变我们建立人际关系的方式，影响我们社交关系的质量和深度。这种变化如同弗洛伊德的心理分析，揭示了技术如何影响我们的潜意识和行为模式。

然而，这只是开始。正如雷·库兹韦尔（Ray Kurzweil）在《奇点临近》（*The Singularity Is Near*）一书中所预测的，随着技术的发展，AI 与人类大脑的融合将更加紧密，这将进一步改变我们的思考方式和认知结构。这种融合可能会带来前所未有的认知能力提升，但同时也可能引发关于人类自主性和身份认同的新的伦理挑战和哲学挑战。这不仅是一个技术问题，更是一个关于人类存在意义的哲学问题。

总的来说，AI 对人类认知和行为的影响是一个复杂的多维度问题，涉及心理学、神经科学、伦理学和技术研究等领域。随着未来研究的深入，我们将对这一领域有更深入的理解，同时也将挑战我们对人类本性和智能本质的理解。例如，我们可能需要重新审视人类的认知能力。随着 AI 的发展，我们能否依靠机器来进行深度思考？我们的记忆能否通过外部设备来增强？这些问题不仅对我们理解人类大脑的工作方式有深远的影响，也对我们理解人类与机器之间的关系提出了新的挑战。

3. AI 与人类心智相互作用的未来趋势

如同一颗石子投入湖中，AI 的出现在我们的生活中荡起了圈圈涟漪，它不仅改变了我们的工作方式，更深入地触动了我们的心智和行为模式。正如雷·库兹韦尔所预测的，我们正步入一个技术奇点的时代，AI 将在许多领域超越人类。这不仅是技术的突破，也将开启一场关于人类存在方式的哲学反思。正如哲学家马丁·海德格尔所说，技术的进步不仅是工具的改进，更是对人类存在方式的转变。AI 的发展将引领我们重新审视我们的自我认知、价值观念和社会结构。在具身智能的研究领域中，我们正在探索 AI 与人类心智相互作用的未来趋势。在 AI 与人类认知和行为交织的研究领域，我们正见证一场革命性的变革。这一变革如同文艺复兴时期对人类理性的重新发现，正在逐步揭示 AI 对人类思维和行为的深远影响。AI 技术的发展不仅在技术层面取得了突破，更在心理学、认知科学、神经科学、社会学等学科中引起了广泛的关注和讨论。

首先，认知卸载现象揭示了智能设备对我们记忆和思考方式的深远影响。随着智能助手、搜索引擎和推荐系统成为我们日常生活中不可或缺的工具，人们越来越多地将认知任务"外包"给这些设备。这种现象一方面提高了我们处理大量信息的效率，使我们能够快速获取知识、解决问题；另一方面也可能导致我们自身记忆力和独立思考能力的退化。为此，研究者正致力于探索如何在依赖技术带来的便利与维持人类认知独立性之间找到平衡点，确保我们在技术辅助下发展而非退化。

其次，AI 驱动的社交媒体平台正在重塑我们的社交互动。算法推荐系统通过个性化内容，不仅影响了我们的信息消费习惯，还可能潜移默化地塑造我们的社交行为和人际关系。社交媒体上的互动，虽然拓宽了我们的社交范围，但也可能影响我们的社交技能和情感交流的深度。研究者正在分析社交媒体如何构建社交网络，这些网络结构又如何反过来塑造我们的认知和行为模式。此外，社交媒体上的社交认同感和自尊问题也引起了广泛关注，研究者试图理解这些平台如何影响用户的自我感知和社交动机。

再次，AI 的深度学习技术在模拟和增强人类创造力方面的应用，为我们开拓了新的视野。AI 生成的艺术作品、音乐和文学作品，不仅展示了机器学习的强大能力，也挑战了我们对创造力的传统认识。AI 在这一领域的应用，不再局限于模仿人类创造力，而是开始探索与人类协同创新的可能性。研究者正在探索如何将AI的数据处理能力和创新算法与人类的直觉、情感和文化知识相结合，以创造出新的艺术形式和创意解决方案。这种合作模式预示着人类与AI共同参与创造性工作的未来，其中AI不仅是工具，更是激发人类创造力的伙伴。

此外，在AI技术的不断演进中，AI辅助决策系统已经成为辅助人类处理复杂决策的有力工具。这些系统通过分析大量数据，为人类提供决策支持，从而显著提高了决策的效率和质量。然而，随着AI在决策过程中的作用日益增强，关于决策自主性和责任归属的讨论也愈发激烈。研究者正致力于设计既能提供决策辅助，又能尊重人类决策权和责任感的AI系统，以确保人类在享受AI带来的便利的同时，不会丧失对自己决策的控制和责任感。

情感AI与情感识别技术的发展，使得AI系统能够识别和模拟人类的情感反应，这一进步在客户服务、教育、医疗等领域展现出巨大的应用潜力。然而，情感AI的广泛应用也带来了对情感隐私和机器伦理方面的担忧。研究者正在探索如何确保情感AI的伦理使用，并研究如何在利用技术的同时保护个人的情感隐私，以避免情感数据的滥用和对个人情感自由的侵犯。

除此之外，人机交互（HCI）领域的研究正聚焦于如何使AI系统与人类的互动更加自然和直观。通过运用自然语言处理、触觉反馈、虚拟现实等先进技术，研究者正在设计更符合人类认知习惯的交互界面，旨在提升人机交互的效率和体验。这些研究不仅关注技术层面的创新，更重视交互设计的人本理念，以实现技术与人类行为习惯的和谐统一。

神经 AI 和脑机接口技术的发展，为直接读取和影响人脑活动提供了前所未有的可能性。这些技术在医疗领域，尤其是在辅助残障人士方面展现出巨大的潜力。然而，它们也引发了关于人脑隐私和控制权的伦理问题。研究者在积极探索如何利用这些技术改善人类生活的同时，也在认真考虑如何保护个人的意识和认知自由，以确保技术发展不会侵犯个人的精神领域和隐私权利。

这些领域的研究和探索，不仅展示了 AI 技术的广阔前景，也揭示了伴随技术进步而来的伦理挑战和社会挑战。面对这些挑战，研究者需要在推动技术发展的同时，深入考虑技术的伦理和社会影响，以确保 AI 技术能够造福人类，而非成为控制或伤害人类的工具。通过跨学科的合作和深入研究，我们有望构建一个既高效又公正，既便捷又尊重个人自由的 AI 社会。

第二节　生物学视角下的具身智能

当前的具身智能研究，为从生物学角度理解 AI 提供了一个独特且深刻的视角。这种方法不仅为 AI 的发展提供了丰富的启示，也揭示了智能本质的多样性和复杂性。

1. AI 的生物学启发

在 AI 的探索之旅中，我们立足于生物学的深厚土壤，从中汲取着创新的养分。正如理查德·道金斯（Richard Dawkins）在《自私的基因》（*The Selfish Gene*）中所揭示的，自然界的生物体通过自然选择的精细筛选，演化出了复杂的生存策略和行为模式。这一演化过程不仅映射了生物进化的宏伟叙事，更为 AI 的发展提供了一种独特的思考框架和方法论。

在这个框架下，AI 的进化与生物进化之间的相似性变得愈发显著。算法的迭代与优化，类似生物遗传信息的自然筛选过程——两者均通过持续的试错、选择与积累，逐步演化出高效的解决方案。这种从生物学中提炼的灵感，激发了模仿大脑神经元网络连接和信息处理机制的神经网络设计。这些网络不仅能执行复杂的数据分析，还能进行精密的决策制定，宛如技术复刻了大自然的智慧，赋予机器类似生物的思考和学习机制。

AI 在模仿生物行为方面也取得了显著成就。以蚁群算法为例，该算法借鉴了蚂蚁利用信息素进行路径标记和食物搜寻的自然行为，有效解决了多种复杂的优化问题。这不仅彰显了生物启发式模型的潜力，也体现了跨学科创新在解决实际问题中的价值。

在 AI 的历史中，生物学原理的融入宛若一场文艺复兴，为我们的算法设计带来了前所未有的启示与变革。这一过程不仅是对生物机制的简单模仿，更是一次深刻的跨学科对话，它要求我们深入探究生物体的运作机制，并将这些机制转化为计算模型，以实现 AI 的质的飞跃。

首先，深入研究生物体的神经系统、免疫系统、细胞信号传导等复杂机制，是汲取生物学智慧的首要步骤。这些生物机制所体现的高效性、鲁棒性和自适应性，为 AI 算法的设计提供了丰富的灵感源泉。正如达尔文的进化论所揭示的自然选择和适者生存的原理，我们可以通过模拟这些过程，设计出能够自我优化和适应环境变化的 AI 算法。

其次，发展计算模型的过程中，神经网络的设计受到人脑结构的启发，而遗传算法则模仿生物的自然选择和遗传机制。当前，研究者正致力于模拟神经元的电化学过程，以期提高 AI 的计算效率和学习能力。这些模型的发展，需要跨学科团队的紧密合作，包括生物学家、神经科学家、计算机科学家、工程师和数据分析师的共同努力，以确保生物学原理在 AI 算法中得到恰当的体现和应用。

再次，模拟生物进化的原理，如自然选择、遗传和变异，对于指导 AI 算法的迭代和优化至关重要。这不仅涉及算法性能的提升，更关乎算法自身的"进化"，从而使其能够适应不断变化的环境和任务需求。设计具有自适应和在线学习能力的 AI 系统，使其能够根据新的数据和经验自我调整和优化，是实现这一目标的关键。

此外，借鉴生物系统的鲁棒性和冗余设计，对于提高 AI 系统的容错能力和稳定性至关重要。例如，设计具有冗余路径的神经网络，可以防止单一故障点导致系统崩溃，从而增强 AI 系统的可靠性。同时，模仿生物体的能量效率和资源管理策略，对于优化 AI 算法的能耗和资源使用，特别是在移动设备和嵌入式系统中，具有重要意义。

在这一过程中，持续的反馈和迭代是不可或缺的。通过建立有效的反馈机制，我们可以不断从实际应用中学习和调整，确保 AI 算法能够适应现实世界中的复杂问题。同时，我们需要认识到，将生物学原理融入 AI 是一个长期的过程，需要持续地投资和研究。鼓励长期的、基础性的研究，将有助于逐步揭示生物系统的深层原理，并将其应用于 AI 算法的创新之中。

综上所述，将生物学原理更深入地融入 AI 的算法设计中，不仅能推动 AI 技术的发展，还能为我们解决现实世界中的复杂问题提供新的工具和思路。这一跨学科的探索之旅将引领我们走向更加智能的未来。

2. 生物启发型 AI 案例

在 AI 的宏伟叙事中，生物学不仅是灵感的源泉，更是技术创新的核心动力。

比如，遗传算法的灵感源于生物的遗传和进化机制，它们模仿了自然界中的交叉和变异过程，为解决优化问题提供了一种全新的思路。这些算法不仅展示了生物行为和遗传机制对 AI 设计的深远影响，也体现了生物学原理在技术创新中的独特价值。

神经网络的设计和结构，更是直接受到人类大脑和生物神经系统的启发。它们模仿神经元之间的连接和信息处理机制，通过调整连接权重的方式（类似大脑在学习过程中突触强度的变化）进行学习。这种模仿使得神经网络在处理复杂问题，如图像识别和语言处理上，展现出卓越的性能。

除了以上的讨论，在生物启发型 AI 的探索之旅中，全球多家高科技企业和研发机构已经扬帆起航，开启了一系列的创新研究与应用实践。这些探索不仅是对生物学原理在 AI 技术中应用的体现，更是对未来发展潜力的深刻洞察和前瞻性思考。

以谷歌 DeepMind 项目为例，其开发的 AlphaGo 程序不仅是深度神经网络在解决复杂问题中潜力的展示，更是对人类智慧的一次致敬。AlphaGo 的成功如同人类首次登月，标志着一个新的里程碑，激励着 DeepMind 进一步探索将这些网络应用于医疗图像分析、药物发现等科学问题，其影响力已远远超出围棋盘的边界。

在欧洲，法国的 Thales Group 等机构正在使用蚁群算法优化物流和供应链管理，这一方法模仿了蚂蚁寻找食物的路径选择行为，为工业问题提供了创新的解决方案，其效率和创新性堪比古罗马工程师在道路设计上的精湛技艺。

NASA 在其先进概念研究中心运用遗传算法设计航天器和探测器，这一过程模拟了自然选择的精妙机制，展现了自然界在优化问题上的智慧，其成果不仅提高了任务的成功率，也降低了成本，体现了工程与生物学的完美结合。

美国的 Neuralink 公司正在研发的脑机接口技术，旨在建立人脑与计算机的直接连接，这种技术的灵感源于大脑神经元之间的通信方式，它预示着未来在治疗神经疾病、增强人类认知能力方面的巨大潜力，其深远意义不亚于伽利略首次将天文望远镜指向星空。

麻省理工学院媒体实验室的情感计算小组正在研究的情感识别技术，以及其在社会机器人开发中的应用，使得机器人能够识别和响应人类的情感状态。这些研究成果在教育、护理和陪伴等领域的应用，如同神话中皮格马利翁制作的雕像被赋予生命，展现了科技与人文关怀的和谐统一。

IBM 的 Watson 系统在自然语言处理领域的应用，通过模仿人类语言学习的方式，该系统已经在医疗咨询和客户服务领域取得了显著成效，Watson 的理解能力和决策支持功能如同亚里士多德的逻辑学派，以其深邃和精确特性引领着新的思考方式。

斯坦福大学的仿生设计实验室正在研发模仿自然界生物特性的材料和机器人。这些研究成果将有助于开发出更加灵活和适应性强的机器人，它们能够在复杂和动态的环境中工作，如同达·芬奇的机器装置，展现了自然界与人类智慧的完美结合。

可见，生物启发型 AI 的应用，其实远远超出了我们的想象。研究人员正在探索模仿生物的运动机制、感知系统和决策过程，以提高 AI 系统的效率和适应性。例如，模仿昆虫的视觉和导航系统的机器人正在被开发，这一研究旨在提高机器人在复杂环境中的导航能力。这些研究不仅推动了技术的创新，也为我们提供了理解智能多样性和复杂性的新视角。

3. 生物学视角的价值与局限性

在 AI 的发展历程中，生物学视角扮演了一个独特而关键的
角色。它不仅为我们提供了一种理解智能的全新框架，而且通过
模仿自然界中的智能行为，极大地推动了算法和模型的创新。然
而，正如历史上科学范式的发展经历一样，每一种视角都有其固
有的价值与局限性。

生物学视角的价值在于它提供了一种从底层逻辑理解智能的
方式。通过观察生物体如何在复杂环境中生存和繁衍，我们能够
洞察到学习、适应、决策等基本智能行为的机制。例如，通过研
究神经元的连接模式，我们发展出了神经网络；通过分析蚁群的
行为，我们发明了蚁群算法；通过模仿人脑的学习和记忆过程，
我们设计出了深度学习算法。这些成就体现了生物学原理在启发
AI 创新方面的巨大潜力。

然而，生物学视角也有其局限性。首先，生物系统的复杂性
和不确定性限制了我们对它们的完全理解。正如 M. 米切尔·沃
尔德罗普（M. Mitchell Waldrop）在《复杂：诞生于秩序与混沌边
缘的科学》（*Complexity: The Emerging Science at the Edge of Order
and Chaos*）中所讨论的，生物系统的复杂性源自其非线性、自组
织和自适应等特点，这些特点使得生物系统难以用传统的机械或
工程模型来完全描述。其次，生物启发的模型可能无法完全捕捉

AI 的全部潜力和复杂性。生物学原理在解释和模拟某些智能行为时表现出色，但在处理更高层次的认知功能，如意识、情感和创造性思维时，可能会遇到难以克服的障碍。

为了克服这些局限性，我们需要在模仿和创新之间找到平衡。一方面，我们应该继续从生物学中汲取灵感，深入研究生物系统的工作原理，以期发现新的算法和模型。另一方面，我们也需要发展新的理论和技术，以超越生物学模型的局限。这可能包括开发新的计算框架、探索新的数据结构、设计新的学习机制等。

此外，我们还需要认识到，生物学视角只是理解智能的多种视角之一。为了全面理解智能，我们还需要结合其他学科的理论和方法，如认知科学、心理学、物理学、数学等。这些学科提供了不同的视角和工具，有助于我们从多个维度理解智能的本质。例如，认知科学可以帮助我们理解智能行为背后的心理机制；心理学可以提供关于人类思维和学习的经验数据；物理学和数学可以提供描述和分析复杂系统的理论工具。

最终，我们的目标是发展出一种综合性的智能理论，它能够整合生物学视角和其他学科的视角，提供一个统一的框架来理解智能的本质。这种理论将不仅能够解释自然界中的智能行为，也能够指导我们设计出更加智能、灵活、适应性强的 AI 系统。这将是一个长期而艰巨的任务，但它将为我们提供一个更深刻、全面的理解智能的视角，从而推动 AI 的发展进入一个新的阶段。

第三节　神经科学之光：照亮具身智能的路径

就像生物学家深入森林，观察并学习生物的行为，神经科学家深入大脑的神秘世界中，探索和理解我们的思考方式，这种深入理解正成为推动 AI 发展的重要力量。神经科学这个探索大脑和神经系统的学科，为我们理解和模拟人类智能奠定了关键的基础，并在许多方面为 AI 的理论和技术发展提供了关键的支持。

1. 神经科学的基础原理

在 AI 的宏伟蓝图中，神经科学的原理不仅是构建智能模型的基石，更是科技革命的催化剂。神经科学为我们提供了一扇窗，让我们得以窥见智能的本质，并在此基础上设计出更为高效、更具适应性的 AI 系统。

神经网络的设计直接受到生物神经系统的启发。这种模仿不限于结构，而是深入神经元的工作机制和网络的动态功能。这使得机器学习算法在处理图像和语音识别等复杂问题时，展现出了前所未有的能力。通过模仿大脑的学习机制和神经可塑性，我们能够提高 AI 系统的效率和适应性，使其在不断变化的环境中保持稳定的性能。

神经科学与 AI 的交叉研究正在开启一场前所未有的科技革命。脑机接口技术让我们能够直接与大脑交互，打开了探索意识和认知的新途径。仿生机器人技术模仿生物体的结构和功能，使得机器人能够更加自然地与环境互动，执行复杂的任务。情感 AI 的发展利用对大脑处理情感信息的理解，让 AI 系统能够识别和模仿人类的情感，极大地提高了人机交互的自然性和效率。

然而，神经科学的研究成果远不止于此。它还在推动着更深层次的 AI 应用的开发，如通过深度学习算法来模拟大脑的神经网络，开发出能够进行复杂决策和创造性思考的智能系统。

首先，深入理解神经机制是构建有效 AI 算法的前提。正如亚里士多德所言，"智慧不仅在于知识，而且在于行动的准则。"神经科学的研究成果为我们提供了行动的准则。大脑中神经元的信号传递、突触可塑性、神经网络的组织结构等，都是 AI 算法设计必须深入理解的基础。

其次，模拟神经网络结构是 AI 发展的关键。利用深度学习中的神经网络模拟大脑处理信息的方式，正如达·芬奇所追求的"简单是极致的复杂"，通过简化和模拟大脑的复杂网络，我们能够设计出更加高效和强大的算法。

再次，学习和记忆机制的研究是提升 AI 算法性能的重要途径。大脑中的长时程增强（LTP）和长时程抑制（LTD）等现象，为我们提供了学习和记忆的生物学基础。正如孔子所强调的"学而时习之，不亦说乎"，AI 算法通过模仿这些机制，能够不断学习和适应，提高其性能和适应性。

神经可塑性的原理，为我们设计能够自我调整和优化的 AI 系统提供了灵感。正如古希腊哲学家赫拉克利特所言，"万物流变，无物常存。"大脑对新信息的适应过程，启示我们设计出能够根据经验和环境变化不断进化的 AI 系统。

认知模型的开发是提升 AI 系统认知能力的重要手段。通过模拟人类的认知过程，包括感知、注意力、决策和语言处理等，AI 系统能够更好地理解和互动，正如笛卡尔所言，"我思故我在。"

情感与社交智能的研究是提高 AI 系统社交互动能力的关键。大脑处理情感和社会互动信息的方式，为我们提供了设计具有情感智能的 AI 系统的生物学基础。正如莎士比亚所观察到的"人类是一件多么了不起的作品"，通过模仿人类的情感和社会互动，AI 系统能够更加自然地与人类交流。

最后，计算神经科学的应用，为我们构建数学模型和仿真系统提供了工具和理论。模拟大脑的神经活动和认知功能，正如牛顿所言，"如果我看得更远，那是因为我站在巨人的肩膀上。"通过计算神经科学，我们能够站在前人的研究成果之上，更深入地探索大脑的奥秘。

通过这些策略，我们可以将神经科学的原理更深入地融入 AI 的算法设计中，推动 AI 技术的发展，并为解决现实世界中的复杂问题提供新的工具和思路。这一过程不仅是技术的创新，更是对自然界智能工作机制的深刻理解和尊重。

2. 全球学术研究的新理论

在全球科研的最前沿，神经科学与 AI 的结合正孕育着一场技术革新。这一跨学科领域的探索，不仅是对智能本质的深入剖析，更是对未来技术发展的一次大胆预测。以下是一些具体的技术进展和理论发现，它们在模拟神经网络动态行为、基于神经回路的 AI 算法，以及情感和社会认知的模拟方面取得了显著成就。

（1）动态神经网络的优化

研究者正在探索如何利用神经科学的发现来进一步优化动态神经网络（DNNs）。例如，通过模仿大脑处理复杂任务时的动态重构机制，DNNs 能够更灵活地调整其内部连接和信号传递路径，以适应不同的任务和环境。这种灵活性的实现，类似舞者随着音乐节奏的灵活变化，是对大脑动态重构机制的一次技术模拟。

在神经科学与 AI 的交汇处，动态神经网络的优化正逐渐展开一幅关于智能本质的深刻图景。这些网络的设计灵感，源自大脑在面对纷繁复杂的任务时所表现出的惊人动态性和灵活性。正如凯文·凯利（Kevin Kelly）在其著作《失控》（*Out of Control*）中所探讨的，自然界的系统往往通过自我组织的方式达到一种复杂的平衡状态，DNNs 的优化也是如此，它们通过模仿大脑的自我调节和自我修复能力，实现了对信息的高效处理。

在这一过程中，突触可塑性的研究提供了关键的启示。科学家发现，大脑中的神经元通过改变突触权重来存储信息，这一过程被称为突触时序相关可塑性（STDP）。DNNs 中模拟的 STDP 机制，使得动态神经网络能够在缺乏外部教导信号的情况下进行自我调整，从而提高了对输入数据的敏感度和对复杂模式的识别能力。

此外，神经编码与解码的研究也在 DNNs 的优化中发挥了重要作用。大脑如何编码和解码信息，这一问题的答案为 DNNs 提供了更为精确的图像和语音识别系统的设计思路。这些系统的设计，不仅提高了算法的性能，也加深了我们对大脑如何处理复杂感官信息的理解。

同时，大脑神经网络的自适应性也启发了 DNNs 的自适应结构设计。这些网络能够根据经验和学习自动调整其结构，这一特性使得 DNNs 在面对不断变化的环境时，展现出了前所未有的灵活性和适应性。

这些研究成果的底层是自组织系统的普遍原理。正如凯利所强调的，无论是生物学中的生态系统，还是技术系统中的互联网，自组织都是实现复杂平衡的关键机制。DNNs 的设计和优化，正是这一原理在 AI 领域的体现。

信息论的基本概念也在 DNNs 的优化中扮演了重要角色。信息的编码、传输和解码，这些信息论的核心概念，对于提高网络的信息处理能力至关重要。通过提高网络的信息处理能力，DNNs 能够更有效地学习和响应复杂的输入信号。

此外，认知科学和心理学的理论也为 DNNs 的优化提供了理论基础。注意力机制、记忆过程和决策制定等理论帮助我们理解大脑如何处理信息，并指导我们设计出能够模拟这些过程的智能系统。

（2）基于神经回路的 AI 算法

神经科学的研究揭示了大脑中特定神经回路的工作原理，这为开发新的 AI 算法提供了灵感。特别是在处理感知和认知任务方面，神经回路的协同工作机制启发了 AI 算法的设计，使其能够更高效地处理信息。这种设计哲学类似交响乐团中各个乐器的和谐统一，是对大脑复杂功能的一次技术致敬。

在神经科学与 AI 的交汇处，基于神经回路的 AI 算法正逐渐揭开大脑处理感知与认知任务机制的神秘面纱。这些算法的设计灵感直接源自大脑中神经回路的工作机制，它们通过模拟大脑的协同工作机制，实现了对信息的高效处理。

在这一学术探索领域中，科学家正通过深入研究大脑的神经回路，识别出与特定认知功能相关的神经网络。例如，视觉皮层中的神经回路如何协同工作以处理视觉信息，海马体如何在记忆形成中发挥作用。这些发现为设计能够模拟这些复杂过程的 AI 算法提供了坚实的生物学基础。

基于这些神经回路的工作原理，研究者开发了计算模型，如吸引子网络和循环网络，它们能够模拟大脑中特定区域的动态行为。这些模型不仅提高了 AI 算法的计算效率，还增强了其对复杂输入的适应性和鲁棒性，为构建更为全面和高级的认知处理系统奠定了基础。

在认知架构的构建方面，AI算法开始模仿人类的感知、注意、决策和语言处理等认知架构。这些算法通过集成多种神经回路模型，构建出更为全面和高级的认知处理系统，反映了系统论的原则，即系统的整体行为是由其组成部分的相互作用决定的。

此外，生物学的启发式学习在这些算法的设计哲学中扮演了重要角色。通过模仿自然界中的成功机制来解决复杂问题，是对大脑复杂功能的一次技术致敬，也是对自然选择和进化过程的模仿。同时，研究者采用了模块化的设计思路，将复杂的任务分解为多个子任务，每个子任务由特定的神经回路模型负责，提高了系统的可维护性，也便于理解和调试。

（3）情感和社会认知的模拟

神经科学为情感和社会认知的研究提供了理解复杂情感和社会交互的框架。这些框架正被用于开发具有更高级情感和社会交互能力的AI系统。通过模仿人类解读情感信号和社交互动的能力，AI系统能够实现更自然、有效的人机交互。

在神经科学的引领下，对情感和社会认知的模拟正逐渐成为AI领域的一个重要分支，为我们提供了洞察人类情感和社会交互复杂性的新窗口。这些研究不仅丰富了我们对人类情感状态的理解，而且为开发具有高级情感识别能力和社会交往能力的AI系统奠定了坚实的基础。

在这一学术探索的前沿，情感识别技术已经成为一个关键的研究领域。科学家通过分析人类的面部表情、语音、语调、身体语言和生理信号，开发出了能够识别和响应情感状态的 AI 系统。

此外，社会交互模型的构建也是当前研究的一个重要方向。研究者正在借鉴社会心理学和认知科学的理论和发现，构建计算模型以模拟人类社会交互的过程。这些模型旨在理解人们在社交场合中如何相互影响和交流，以及如何通过社交信号进行复杂的互动。

在人机交互的深化方面，AI 系统正在通过模仿人类的社交能力，如同理心、合作和冲突解决，实现更加自然和富有同理心的交互。这种交互不仅限于表面，还能够在更深层次上理解和响应人类的需求，从而极大地提升了人机交互的质量和体验。

在底层思想的讨论中，情感的生物学基础成为一个核心议题。对情感和社会认知的模拟基于对情感生物学基础的深入理解，包括大脑中与情感处理相关的区域，如杏仁核和前额叶皮层。同时，社会神经科学这一新兴领域结合了神经科学、心理学和社会学，研究社会行为背后的神经机制，为 AI 系统的设计提供了重要的启示。

3. 神经科学原理在 AI 中的应用

（1）模拟神经可塑性

作为神经科学领域的一个核心概念，神经可塑性描绘了大脑神经元及其连接如何根据经验和环境的变化进行动态调整和重组的过程。这一概念最早由唐纳德·赫布（Donald Hebb）在其开创性著作《行为组织：神经心理学理论》(*The Organization of Behavior: A Neuropsychological Theory*) 中提出，他提出"赫布理论"，即"一起激活的神经元会连在一起"，这一理论奠定了神经可塑性研究的基础。随后，埃里克 R. 坎德尔 (Eric R. Kandel) 等人在《神经科学原理》(*Principles of Neural Science*) 中进一步阐述了神经可塑性的生物学基础，并强调了其在学习和记忆形成中的关键作用。他们的工作不仅深化了我们对大脑如何存储信息的理解，也为后续的 AI 研究提供了宝贵的启示。

想象一下，当你沉浸在一部电影的情节中，你的大脑正随着剧情的起伏而发生微妙的变化。你会随着角色的喜怒哀乐而情绪波动，这种情感的共鸣是神经可塑性的生动体现，表明大脑具有根据外界刺激调整自身结构和功能的能力。这一自然现象启发了 AI 的发展，特别是在设计能够根据新信息和经验自我优化的 AI 系统方面。

神经可塑性这一揭示大脑适应性和学习能力的概念，已经成为推动 AI 领域创新和发展的强大引擎。从深度学习网络的反向传播算法，到强化学习中的奖励反馈机制，再到突触时序相关可塑性在神经形态计算系统中的应用，每一个进步都是对大脑工作机制的深刻模仿和致敬。

深度学习网络作为 AI 的基石之一，通过模拟大脑神经元的连接和权重调整，已经实现了从图像识别到自然语言处理的广泛应用。正如唐纳德·赫布所言，学习是通过神经元细胞之间的连接实现的，深度学习网络正是这一原理的技术体现。而强化学习算法，如 Q 学习、SARSA 和深度 Q 网络（DQN），则模仿了大脑中基于奖励的学习过程，它们通过不断地探索和利用环境优化行为策略。

在神经形态计算系统中，STDP 规则的应用使得 AI 系统能够根据突触前后活动的相对时序来调整突触连接的强度，这不仅模拟了大脑的可塑性，也为构建更加节能和响应迅速的计算设备提供了可能。此外，神经编码和解码的研究（特别是在图像和语音识别领域），受到大脑处理和传递信息方式的启发，推动了机器学习技术的进步。

生成对抗网络通过对抗过程生成新的数据样本，这一过程在某种程度上模仿了大脑中生成和评估信息的机制。而脉冲神经网络则通过模仿生物神经元的脉冲行为，为处理时间序列数据提供了新的视角。注意力机制在自然语言处理中的应用，提高了模型对信息的处理能力，模仿了人类视觉注意力的聚焦和转移。

通过模拟人类的长期记忆和工作记忆，记忆网络的设计为 AI 系统提供了更加丰富的记忆结构。基于神经可塑性原理，情感识别系统的开发提高了 AI 系统对人类情感的识别和响应能力。利用神经可塑性的原理，脑机接口技术通过训练大脑信号来控制外部设备，为残障人士提供了新的希望。

自适应控制系统在机器人技术中的应用，使机器人能够根据实时反馈调整行为，提高了机器人的自主性和适应性；而神经动力学模型尝试捕捉神经元和神经网络随时间变化的动态特性，其开发为模拟大脑的时序活动提供了新的工具。

这些案例不仅展示了神经可塑性原理在 AI 不同领域的广泛应用，也推动了 AI 技术的发展，并为解决现实世界中的复杂问题提供了新的工具和思路。随着研究的深入，未来可能会出现更多创新的 AI 模型和算法，这些模型和算法将更加接近人类大脑的处理能力，在效率和适应性上也有所提升。"万物流变，无物常存。"神经可塑性的应用在 AI 领域的发展正是这一哲学思想的现代体现，它预示着一个更加智能、更具适应性的未来。

（2）模仿大脑的信息处理机制

在神经科学的璀璨星空中，大脑的信息处理机制犹如一颗最明亮的星辰，引领着我们对人类认知功能的深刻理解。大脑内部的神经元网络通过突触的精密连接，构建了一个复杂的信息传递和处理系统。这些神经元不仅接收和处理信息，而且通过突触的可塑性，不断地调整和优化信息传递的路径，从而支持我们的感知、记忆、决策等高级认知功能。

这种对大脑信息处理机制的认识，为我们在 AI 领域设计新的结构和算法提供了宝贵的启示。深度神经网络和卷积神经网络等模型，正是受到大脑神经元网络结构和功能的启发，通过模仿神经元和突触的工作方式，它们实现了对复杂模式的识别和数据处理的能力。这些网络的设计如同模仿自然界的形态和结构的建筑设计，是对大脑工作原理的一次技术致敬。

然而，正如盖瑞·马库斯（Gary Marcus）和欧内斯特·戴维斯（Ernest Davis）在《如何创造可信的 AI》（*Rebooting AI: Building*

Artificial Intelligence We Can Trust）中所指出的，尽管当前的 AI 技术在模式识别和数据处理方面取得了显著进展，但在理解复杂、模糊和新颖情境方面仍然存在限制。这些限制提醒我们，尽管 AI 系统在模仿大脑的处理机制方面已经取得了一定的成就，但要达到人类的认知水平，还有很长的路要走。

值得注意的是，在设计 AI 系统时，平衡模仿大脑处理机制的准确性与实用性是一项既深奥又微妙的挑战。这不仅是技术层面的探索，更是对人类认知边界的一次大胆拓展。AI 系统设计既需要深刻理解大脑的工作原理，又需要创造出能够灵活适应实际应用情景的算法和技术。

首先，模型简化与抽象是关键。在模仿大脑复杂网络的过程中，我们必须认识到完全复制其复杂性可能会导致计算成本的急剧上升和系统管理的复杂化。因此，合理简化和抽象生物模型、保留其核心的神经机制、去除非关键细节是提高模型实用性的重要策略。这一过程，就像雕塑家从粗糙的石块中雕琢出精细的艺术品，既保留了原型的精髓，又赋予它新的形态和意义。

其次，跨层次建模为我们提供了一种全新的视角。大脑的处理机制是多层次的，从单个神经元到复杂的神经网络，每个层次都有其独特的功能和特性。AI 系统通过结合微观和宏观层面的理解，可以实现更全面和准确的模拟。这种方法如同构建一座宏伟的建筑，既需要精细的微观设计，也需要宏观的规划和布局。

在计算效率与生物真实性之间寻找平衡是 AI 系统设计中的另一个重要议题。在某些情况下，为了提高实用性，我们可能需要牺牲一些生物学上的真实性，采用更加高效但简化的模型。模块化设计是提高 AI 系统灵活性和实用性的另一关键策略。通过模块化，AI 系统可以更加灵活地组合不同的神经网络组件，以满足不同的任务需求。这种设计方法既保持了一定程度的生物真实性，又能够高效地解决实际问题。

学习和适应性是大脑的显著特性，也是 AI 系统设计中的核心要素。通过引入神经可塑性原理，如 STDP 规则，AI 系统能够在学习过程中自我调整和优化，从而更好地适应复杂和变化的环境。这一过程就像植物利用根系不断寻找养分，适应土壤，最终成长为参天大树。

多学科融合是设计 AI 系统时的另一重要原则。神经科学、计算机科学、认知科学和心理学等学科的知识和方法，为我们提供了全面理解大脑处理机制的多维视角。这种跨学科的融合就像一场盛大的宴会，各种食材和调料的结合创造出了令人难忘的美味。

迭代和反馈是 AI 系统设计中不可或缺的环节。通过持续的迭代和反馈，AI 系统可以在实际应用中不断学习和改进。这种迭代过程，就像科学家在实验中不断调整和优化实验条件，以期取得最佳的实验结果。

在设计 AI 系统时，伦理和社会责任也是我们必须考虑的重要因素。确保 AI 系统的决策过程透明、可解释并且符合道德标准，是提高其实用性和可接受性的重要方面。这些重要因素就像航海中的灯塔，为 AI 系统的发展指明了方向。

最后，我们必须认识到，准确性和实用性的平衡是一个长期的过程，需要持续地投资和研究。我们需要鼓励长期的、基础性的研究，逐步揭示生物系统的深层原理，并将其应用于 AI 算法的创新。这一过程就像探索未知的宇宙，需要勇气、耐心和坚持不懈的探索精神。

通过上述方法，我们可以设计出既能精确模拟大脑处理机制，又能在实际应用中发挥高效作用的 AI 系统。这将推动 AI 技术的发展，并为解决现实世界中的复杂问题提供新的工具和思路。"智慧不仅在于知识，而且在于行动的准则。"我们的 AI 系统设计也将在模仿大脑的基础上，创造出更智慧、高效的行动准则。

（3）脑机接口技术

脑机接口技术的发展不仅为理解大脑的信息处理机制提供了新途径，还推动了 AI 系统的设计和优化。

想象一下，你正在玩一个视频游戏，但你没有使用手柄或键盘，而是直接用你的大脑控制游戏角色的动作——这就是脑机接口技术的应用场景之一，它是神经科学和 AI 交叉融合的前沿领域。

脑机接口技术的核心在于直接将大脑的神经信号与计算机系统或机械设备相连。这就像一座神秘的桥梁，将我们的大脑与机器连接在一起。根据米格尔·尼科莱利斯（Miguel Nicolelis）在《脑机穿越：脑机接口改变人类未来》（*Beyond Boundaries: the*

New Neuroscience of Connecting Brains with Machines and How It Will Change Our Lives）中的描述，我们可以捕捉大脑活动产生的电信号，然后将这些信号转化为机器可识别的指令。这需要复杂的信号采集、处理和解码算法，关键在于如何准确地解读神经活动，并将之转换为精确的机器响应。

脑机接口技术已在多个领域展示了其潜力，尤其是在医疗和康复领域。比如，我们可以利用脑机接口技术帮助残障人士控制义肢，提高他们的生活质量。这就像为他们打开了一个新的世界，让他们能重新感受和控制自己的身体。此外，这项技术也被应用于增强现实和虚拟现实领域，用以提供更为直观的交互体验。但是我们也必须承认，脑机接口技术仍然面临着诸多挑战，信号噪声和解码算法的复杂性是当前研究的主要难点。我们期待着未来随着技术的进步，我们能提高信号的准确性和稳定性，开发出更高级的解码技术，更深入地模拟和利用大脑的复杂网络结构。

总的来说，脑机接口技术代表了神经科学和 AI 领域的一大突破，它为我们理解大脑、治疗疾病，以及创造先进智能系统提供了新的可能性。我们期待着未来随着技术的不断进步和伦理问题的解决，脑机接口技术有望在多个领域发挥更大的作用。

第四章

智能的定义与核心概念理解

第一节 人工智能的第一性原理

卡尔·弗里斯顿，作为一位在神经科学领域具有深远影响的学者，可能正握有解开真正 AI 秘密的钥匙。他的自由能量原理，被认为是自达尔文自然选择论以来，又一种具有广泛解释力的理论。这一原理试图解释所有生命乃至智能的组织原则，即生命体通过减少期望与感官输入之间的差异来"最小化自由能量"，这也被认为可能是"AI 的第一性原理"。在伦敦皇后广场的一隅，卡尔·弗里斯顿的名字与一个独特的传统紧密相连。弗里斯顿教授作为伦敦大学学院功能成像实验室的科学主任，不仅以其在神经科学领域的杰出贡献而闻名，更因其提出的自由能原理而成为学术界的焦点人物。每周一，他都会在皇后广场的会议室举行一场别开生面的学术讨论会，这个会议被亲切地称为"请教卡尔"会议。在这里，弗里斯顿与学生以及其他科研人员共同探讨各种学术问题，这种公开的学术交流形式已经成为他工作方式的一部分。

弗里斯顿的名声部分源自他在 1990 年发明的统计参数映射（SPM）。这是一种计算技术，它允许科学家将经过处理的大脑图像转换成一致的形状，从而使得不同个体大脑的活动可以进行比较。这一发明极大地推动了脑成像技术的发展，为神经科学研究提供了一个强有力的工具。基于 SPM，弗里斯顿进一步发展了基于体素的形态计量学（VBM），这项技术在研究大脑结构变化方面发挥了重要作用。例如，它被用来证实伦敦出租车司机在学习和记忆复杂的城市路线过程中，海马体后部的体积会逐渐增大。弗里斯顿的工作不限于神经成像技术，他发明的 SPM 软件极大地推动了脑科学研究发展。他的研究成果被广泛应用于学术界，超过 90% 的脑成像论文使用了他的方法。他的 h 指数——衡量学者影响的指标——极高，弗里斯顿甚至被预测为诺贝尔奖的有力候选人。

然而，弗里斯顿对神经科学的贡献并不仅限于这些技术的发展。他的真正影响力来自他对生命组织原则的深刻洞察，这最终催生了自由能原理。自由能原理是一个试图解释生命体如何通过行动和感知减少不确定性的数学框架。弗里斯顿认为，所有生命体都遵循着一个基本原则，即减少期望与感官输入之间的差异，这在数学上被定义为最小化自由能。

自由能原理的提出，是弗里斯顿对生命、意识以及智能本质的一次大胆探索。这一原理的核心在于一个简单的概念：生命体通过内部模型预测外部世界，并据此采取行动以减少预测误差。这种预测和行动的过程，不仅适用于单细胞生物，也适用于复杂的多细胞生物，包括人类。自由能原理提供了一个统一的视角来理解生命体的行为和认知过程，将感知、行动和学习整合到了一个统一的数学框架中。在"请教卡尔"会议中，弗里斯顿经常与参与者深入讨论自由能原理及其在不同领域的应用。这些讨论不仅涉及神经科学，还包括心理学、AI、哲学，甚至经济学等学科。通过这些跨学科的交流，自由能原理逐渐展现出其在解释意识、情感、决策以及社会行为等方面的潜力。

尽管自由能原理在学术界引起了广泛的关注，但它的数学复杂性和抽象性也使得许多人难以完全理解。弗里斯顿在解释这一原理时，常常需要在严谨的数学表述和直观的解释之间找到平衡。他的办公室里挂着一幅俄罗斯数学家安德烈·马尔科夫的肖像，"马尔科夫毯"（Markov blanket）的概念在解释自由能原理中扮演着重要角色。马尔科夫毯是一个数学术语，它描述了一个系统内部的变量和外部环境之间的边界。在弗里斯顿的理论中，每个生命体都拥有一个马尔科夫毯，这个毯子定义了生命体如何与外界环境相互作用，以及如何通过内部模型来预测和适应外部世界的变化。

自由能原理的提出，不仅是弗里斯顿个人学术生涯的一座高峰，也是对整个科学界的一种挑战和启发。自由能原理促使科学家重新思考生命、意识和智能的本质，同时也为 AI 的发展提供了新的思路。在接下来的章节中，我们将更深入地探讨自由能原理在 AI 领域的应用，及其如何帮助我们构建更加智能和自适应的系统。通过这些讨论，我们将进一步理解自由能原理如何成为连接生命科学和 AI 的桥梁，以及它对未来科学和技术发展可能产生的深远影响。

在深入探讨自由能原理的数学基础与普适性之前，我们需要认识到这一原理是如何从热力学的一个概念演变而来的。热力学第二定律指出，一个孤立系统的熵永远不会自发减少，系统总是倾向于向更无序的状态发展。然而，生命体似乎违背了这一定律，它们通过各种复杂的机制维持和增强内部的有序性。自由能原理正是在尝试解释这一生命现象的基础上提出的。自由能原理的数学表述始于一个基本的观察：生命体通过其内部模型来预测外部世界的状态，并根据这些预测采取行动，以减少实际感官输入与期望之间的差异。在数学上，这种差异可以用自由能来量化。这种最小化自由能的过程，涉及复杂的计算和决策机制。生命体不断地通过感官收集外界信息，同时利用这些信息更新其内部模型。当内部模型的预测与实际感官输入不一致时，生命体会调整其行为或内部模型，以减少这种不一致性。这种调整可以通过学习和适应来实现，从而使得生命体能够在不断变化的环境中生存和繁衍。

自由能原理的普适性体现在它不仅适用于单细胞生物，也适用于多细胞生物，甚至是复杂的人类社会。这一原理提供了一个统一的框架来理解不同生命体的行为和决策过程。从细胞的代谢活动到动物的觅食行为，从人类的社交互动到机器学习算法的优化问题，自由能原理都能提供一个一致的解释。弗里斯顿认为，自由能原理是生命的一个基本组织原则。它解释了为何生命体会表现出抗熵增的行为，即为何生命体会努力维持秩序而非陷入混乱。

在生物学层面，自由能原理可以帮助我们理解细胞如何通过自组织来维持其内部的有序状态；在心理学层面，它可以解释人类如何通过学习和适应来减少不确定性和恐惧；在 AI 领域，它可以指导我们设计出能够自我学习和自我适应的智能系统。自由能原理的普适性还意味着它可能对理解意识和认知具有重要意义。意识和认知过程可以被视为生命体减少预测误差的高级形式。通过不断地与外部世界交互，生命体建立起一个复杂的内部模型，这个模型不仅包括对外部世界的理解，也包括对自身行为的预测。当这个内部模型的预测与实际感官输入不一致时，生命体会产生意识活动，以探索和解决这种不一致性。此外，自由能原理也为 AI 的发展提供了新的视角。

在传统的 AI 系统中，智能行为往往是通过预先编程的规则来实现的。然而，自由能原理提倡的是一种自下而上的学习方式，即智能系统通过与环境的交互来自主学习和适应。这种学习方式使得 AI 系统能够更好地处理不确定性和复杂性，从而在不断变化的环境中表现出更高的灵活性和鲁棒性。

总之，自由能原理的数学基础和普适性为我们提供了一个强大的工具，帮助我们理解和设计能够自我组织、自我学习和自我适应的系统。无论是在生物学、心理学、AI 还是其他领域，自由能原理都展现出深远的影响力和广泛的应用潜力。随着对这一原理更深入的研究和应用，我们有望揭开生命、意识和智能的更多奥秘，并推动科学技术的进步。

在探讨自由能原理与 AI 结合的深远意义之前，我们应当认识到，AI 的核心目标是创造出能够模仿甚至超越人类智能的系统。随着技术的发展，AI 已经从简单的规则驱动系统，逐渐进化为能够进行自我学习和适应的复杂系统。自由能原理在这一进程中扮演了至关重要的角色，它为构建这些智能系统提供了理论基础和设计灵感。

自由能原理在 AI 领域的应用，首先体现在智能系统的设计上。根据这一原理，一个智能系统应当能够构建一个内部模型来预测外部世界的状态，并通过与环境的交互不断更新这个模型。这种设计模仿了生物体处理感官输入和做出反应的过程，使得 AI 系统能够展现出类似生物的学习行为。

在机器学习领域，自由能原理已经被用来开发新的算法。这些算法能够使 AI 系统通过预测误差的最小化提高其决策和预测能力。例如，贝叶斯模型和深度学习网络可以被视为自由能原理的具体实现，它们通过调整内部参数减少输入数据与预测输出之间的差异。此外，自由能原理也为强化学习领域带来了新的启发视角。在传统的强化学习模型中，智能体通过与环境的交互来学习最优策略，以最大化累积奖励。而自由能原理则强调了减少不确定性的重要性，智能体不仅需要寻求奖励，还需要探索环境以减少预测的不确定性。这种探索行为是生物体适应环境变化的关键，也为 AI 系统提供了一种更为全面和稳健的学习策略。

自由能原理为 AI 研究提供了一种全新的思考方式，即通过模拟生命的自组织特性来设计智能系统。这种设计思路不仅能够促进机器学习算法的发展，还可能为理解意识和认知提供新的视角。

首先，自由能原理强调了内部模型的重要性。在 AI 系统中，内部模型可以被视为智能体对环境的理解和预测。通过构建和维护这样的模型，AI 系统能够更好地理解复杂的输入数据，并做出更为合理和准确的预测。

其次，自由能原理提出了减少不确定性的目标。在 AI 系统中，这意味着智能体需要不断地探索和学习，以提高其对环境的理解和预测能力。这种探索行为不仅有助于智能体发现新的知识和策略，也有助于其适应环境的变化。

最后，自由能原理为理解意识和认知提供了新的线索。意识和认知过程可以被视为生命体减少预测误差的高级形式。通过研究自由能原理在 AI 系统中的应用，科学家们希望能够更好地理解人类意识和认知的工作机制，从而推动 AI 向更高层次发展。

综上所述，自由能原理在 AI 领域的应用前景广阔。它不仅为智能系统的设计提供了理论基础，也为 AI 研究提供了新的思考方式和研究方向。随着对自由能原理研究和应用更加深入，我们有望创造出更加智能、灵活和适应性强的 AI 系统，推动 AI 技术的进一步发展。

第二节　主动推理：人工智能发展的思维火花

在对自然智能的深入观察中，我们揭示了其内在的递归和嵌套结构。这一发现表明，在更为复杂的智能系统中，基本的功能单元即行为与感知的循环以分叉递增的形式反复出现。这种洞察为我们带来了全新的视角：主动推理。这一概念不仅根植于物理学原理，而且融合了智能体自身特性和需求，如感知、行动和决策等关键能力。

在具身智能领域，主动推理发挥着至关重要的作用，它助力智能体更加高效地适应环境和完成特定任务。以机器人导航为例，主动推理赋予机器人洞悉物理世界规则的能力，如理解重力和规避碰撞，从而能够预测环境变化并规划出高效的行动路径。此外，通过积极的探索和实验，机器人能够深化对环境的理解和学习，从而提升导航的精准度和效率。

主动推理同样为智能体应对不确定性和复杂性提供了强有力的工具。其理论基础可追溯至最优控制理论，该理论主张在行动之后，预期的不确定性和复杂性应被降至最低。在此过程中，预期的复杂性被视为风险的体现，而预期的不确定性则被视为数据采集时固有模糊性的体现。这一理论框架提供了一种高效的策略：在追求预测准确性的同时，力求降低模型的复杂性。类似的概念在神经科学中也得到了体现，例如，人脑在处理信息时会通过注意力分配和记忆更新等机制，优化认知资源的使用，以更好地适应环境。

从主动推理的视角出发，我们可以进一步理解智能系统所展现出的独特个体性。在错综复杂的稀疏因果网络中，某些关键节点扮演着信息瓶颈的角色，它们既是信息传递的中介，也是概率的边界，限制着系统状态的变化。这些稳定的边界在不断变化的世界中持续存在，它们的可预见性和可控性是个体智能体在复杂环境中实现自我调节的关键。

主动推理还强调了模型证据的重要性。智能体必须为其内部模型搜集观测证据，类似通过评分系统评估观察结果与模型预测之间的匹配程度。在这个过程中，智能体必须像棋手一样，不断调整变量、参数和行动策略，以最大化模型证据，实现对环境的最优适应。

最终，主动推理强调了模型证据优化过程的重要性。主动推理理论提供了一种有效的优化策略，即通过最大化模型证据实现对环境的最优适应，并提供了一种控制复杂度的有效方法，即通过最小化自由能提升模型的简洁性和准确性。这意味着，智能体在追求高度精确性的同时，也应保持模型的简洁，避免过度拟合，改变和提升不良的泛化能力。

我们可以看出，在探索智能系统的设计和理解过程中，主动推理理论框架提供了一种全新的视角。这一框架不仅强调了智能系统的个体性和模型证据的核心地位，而且通过最大化模型证据实现对环境的最优适应，同时采用最小化自由能的方法控制模型的复杂度，实现模型的简洁和准确。这种方法论的提出，为智能系统的设计和优化提供了一种全新的策略。

主动推理框架的核心在于其对自组织推理过程的重视。这一过程并不排斥现有的理论体系，而是将它们融合并提炼，通过交叉互补来丰富和提升理论的广度与深度。在机器学习的背景下，模型证据的概念尤为关键，它关联着信息增益，将复杂性纳入智能体对世界信仰的优化过程中，从而解决了传统机器学习方案中仅关注准确性而忽视复杂性的问题。

在机器学习领域，尤其是深度学习中，过度拟合问题一直是一个难题。通过引入复杂性作为惩罚项，可以在追求准确性的同时避免过度拟合，提升模型的泛化能力。此外，主动推理框架中的复杂性最小化还涉及降维和粗粒化，这不仅是学习生成模型结构的途径，也是提高数据处理效率和准确性的关键。例如，主成分分析（PCA）和自编码器等技术通过学习数据的内在结构，实现数据的压缩和简化，降低了计算和存储需求。

主动推理还提供了一种学习能够解缠生成因素的表示的框架，这种表示对 AI 系统实现其目标具有实用价值，并且相较通用的潜在表示，更具解释性和人类可解释性。变分自编码器（VAE）便是一个例子，它作为一种基于概率模型的生成模型，能够学习数据的潜在表示，这些表示不仅能有效生成数据，而且有助于揭示数据的内在结构和生成机制。

通过鼓励模型精确控制和保留足够解释源熵所需的复杂性或

不确定性，变分自由能目标符合阿什比的"所需多样性定律"，确保系统中的复杂性适合准确预测观察结果，不多也不少。这种平衡策略意味着通过调整模型复杂性，可以优化模型的准确性和多样性，实现性能的最优化。

综上所述，主动推理的理论框架不仅为我们提供了一种处理复杂性的高效方法，而且为我们理解和控制模型复杂性，提高模型的准确性和泛化能力提供了新的视角和工具。这有助于我们深入理解智能的本质，有效地设计和实现智能系统，推动 AI 向更高层次发展。

在 AI 的演进历程中，强化学习凭借其在行动选择上的显著成效，被广泛地应用于尖端的 AI 系统设计之中。作为一种机器学习范式，强化学习旨在通过一系列决策来最大化累积的预期奖励。然而，从贝叶斯的角度审视探索行为和好奇心时，我们会发现其不仅是智能行为的另一面，也是不可或缺的组成部分。

贝叶斯方法着重强调了智能体在认知、探索和好奇心驱动方面的特性，这些特性激励智能体采取行动，以降低其模型中变量和参数的不确定性。在主动推理的语境下，这体现为推理和学习两个并行不悖的过程。例如，贝叶斯网络和隐马尔可夫模型等统计模型，通过学习数据的概率分布，揭示了数据生成背后的机制，实现了对数据的预测与推理。智能系统的设计不应仅仅聚焦于最大化某种预定义的奖励或最小化成本函数，而应超越这些，生成与其自身特性一致的观察或感知数据，以维护其持续性和稳定性。换句话说，智能代理应致力于最大化其生成模型的证据。

主动推理进一步推广了奖励的概念，对每个可能的结果进行评分，这种评分基于生成模型中的先验偏好。某些结果的偏好可能非常精确，而其他结果的偏好则可能相对模糊。总体而言，这些偏好定义了"我是谁"的约束条件。从这个视角出发，贝叶斯强化学习可以被视为主动推理的一个特例，其中对所有结果的偏好都相对模糊，除了一个明确偏好的奖励结果。主动推理将对智能的理解从单一的奖励优化问题转变为多重约束满足的问题，即自我证明的过程，为我们提供了一种全新的视角和工具，以更深入地理解智能的本质，并更有效地设计和实现智能系统。

主动推理的理论框架特别强调其多尺度体系结构，这一特性使其能够解决 AI 研究中的一些核心问题。学习被视作一个缓慢的推理过程，而模型选择则可视为一个更慢的学习过程。这三个过程——推理、学习和模型选择——在嵌套的时间尺度上以相同的基本方式运作，共同目标是最大化模型证据。这种多尺度视角为我们提供了理解和设计智能系统的新思路和工具，并为自然中智能多尺度特性的形式主义提供了预测和描述。

长短期记忆（LSTM）单元的复杂内部结构、ResNeXt 体系结构中跨尺度的分割—变换—合并策略、胶囊网络中个别复杂节点的自组织形式，以及千脑理论中大脑皮层柱合作产生全局表示的过程，都是多尺度智能的具体实例。这些案例表明，智能系统通常具备复杂的内部结构和动态行为模式，这些结构和模式在不同尺度上展现出不同的特征。通过主动推理的多尺度视角，我们能够更好地理解和模拟这些复杂系统，推动 AI 向更高层次的自然智能迈进。

在 AI 的蓬勃发展中，强化学习以其在决策过程中的卓越表现成为先进智能系统设计的关键组成部分。然而，主动推理的理论框架提出了一种新的视角，它强调智能不仅仅是奖励最大化的过程，而是一个更为复杂的、由模型证据驱动的认知和行为模式。尽管主动推理为智能系统的设计提供了新的思路，但尚未明确指出在特定系统中实现模型证据最大化的具体方法。

为了填补这一空白，我们必须借助机器学习和经验神经科学领域的长期研究发现。作为大脑中实现主动推理的一种机制，预测编码可能同样适用于那些具有高度内部自由度和快速可塑性的系统。同时，智能的许多复杂方面，尤其是那些深植于演化历史中的基本特性，可能依赖于历史细节，这些细节难以仅通过第一原理来预测。例如，海马 / 前脑回路中发现的机制，它们在空间导航和定位中的作用，可能代表了神经系统中更为普遍的设计原则。

主动推理的理论框架将智能描述为一种主观的、透视性的过程，涉及从特定的视角即一组信念出发，主动地理解世界并与之互动。在这一框架下，智能不是孤立存在的，而是存在于由多个子系统构成的宇宙中，每个智能体都在模拟世界，而这些世界又几乎总是由其他智能体组成，这些智能体也在模拟着彼此。这种视角突出了智能的分布性，智能不仅分布在每个智能体上，而且分布在每个智能体存在的每个尺度上。

因此，主动推理可以被视为一种集体智能理论。在这个框架下，我们可以探讨沟通文化利基建设、心灵理论以及自我等基础性问题。共享目标源于共享的叙事，而这些叙事又由共享的生成模型所支持。这种观点强调了透视性和隐含的共享叙事的重要性，这在对生成式 AI 的研究中得到了体现。生成式神经网络展示了再现各种图片、散文或音乐的能力，这些系统的使用关键在于 AI 和自然智能之间的互动，包括深度神经网络的训练，以及使用提示和生成的图像与 AI 系统进行交换。

随着 AI 开始主动向我们提问，表现出对我们的好奇心，并希望了解我们的选择，我们距离实现真正的智能越来越近。主动推理作为一种全新的理解和研究智能的方法，为我们深入理解智能本质和有效设计智能系统提供了新的视角和工具。然而，这一理论框架也面临着挑战，需要我们在多个领域进行深入研究和探索。

在实际应用中，智能系统间的交互和通信问题不容忽视。在大规模智能生态系统中，无论是人与人之间、人与机器之间还是机器与机器之间的协同工作和集体决策，都需要有效的通信方式来共享和传递信息。因此，共享智能的通信问题成了一个关键议题，我们需要深入研究和解决通信协议的设计、通信网络的构建、通信效率的提升以及通信安全的保障等问题。随着 AI 领域不断进步，主动推理的理论框架将继续引导我们探索智能系统的新境界。

第三节　从巴别塔到二进制：智能交流的桥梁

人类智慧与语言的共同演化构成了文明进步的基石，它们相互促进，为知识的共享与传递提供了坚实的基础。语言的核心功能不仅在于促进沟通和形成共识，更在于它作为一种强大的工具，使得人类能够与其他智能生物共享知识。语言的优化极大地简化了知识的跨代传递，推动了复杂互动和跨社区合作的发展。

从哲学的角度来看，语言为人类提供了一种"按其关节剖析自然"的方法，即把现实世界划分为对象、属性和事件，这不仅促进了我们对世界的理解，也加深了我们对其运作方式的认识。在人类早期的历史记录中，如《圣经》中巴别塔的故事强调了共享沟通系统的强大整合力，以及沟通不畅和缺乏相互理解所带来的混乱和分裂。这个故事凸显了语言在维护社会秩序和促进合作中的关键作用。

在当今的"后巴别"世界中，人类通过多语言能力的增强、全球通用语言的普及以及机器翻译技术的进步，正在克服语言障碍。数字计算机和 AI 的发展为我们提供了全新的工具和平台。在数字世界中，信息可以通过二进制编码进行形式化的数学逻辑处理。而在 AI 领域，矢量语言成了一种通用语言，因为矢量是大多数算法处理数据的基础。

AI 研究正在努力模拟人类使用语言的过程，以实现更自然的人机交互和更有效的知识获取，如通过学习自然语言语料库中的统计规律来构建矢量空间表示，捕捉语言的特性。然而，目前还没有一种高级语言能够像人类自然语言那样被 AI 所理解和使用。强化学习代理在训练过程中可能会产生难以理解的字符串，这表明即使使用自然语言，大型语言模型也不会以人类的方式使用或理解它。

这一现状提示我们，尽管 AI 在模拟人类语言使用方面取得了进展，但要实现真正的自然语言理解和生成，仍需深入研究和理解语言的深层结构和功能。未来的研究需要探索如何促使 AI 系统不仅能够处理语言的表面形式，而且能够把握其深层含义和用途，从而实现更深层次的人机交流和知识共享。这不仅将推动 AI 技术的发展，也将为我们提供对人类语言和智慧共同演化更深刻的理解。

作为人类沟通的基石，自然语言在人机交互中的潜力巨大，但其是否为最高效的沟通方式，这一问题的答案并非绝对，而是随着应用场景和上下文的不同而变化。自然语言的直观性和表达力使其在搜索、问答等任务中表现出色，然而在编程或数据分析等特定领域，专用语言可能更为高效。尽管自然语言处理技术取得了显著进步，但自然语言的歧义性和复杂性仍旧对机器理解构成挑战。因此，自然语言的高效性并非无条件的，而是需要根据具体任务和需求来评估和选择最合适的交流方式。

在 AI 领域，尤其是在具身智能的发展趋势下，自由能原理提供了一个理解和设计智能系统的理论基础。这一原理认为，智能体通过主动推理来最小化内部模型的不确定性，以此与外部世界互动。在这一框架下，自然语言不仅是沟通的工具，更是智能体减少预测误差、优化信念系统的手段。智能体通过自然语言的交流，能够收集信息、减少不确定性，并构建对世界的一致理解。

然而，自然语言的高效使用也依赖于智能体对语言的深层次理解，包括语言的语义、语境和语用等层面。当前，AI 系统正在学习如何更深入地理解自然语言，包括语言背后的意图、情感和文化含义。这种理解能力的提升，将使 AI 系统能够更自然地与人类交流，并在复杂环境中做出更为合理的决策。

此外，随着 AI 技术不断进步，我们也开始探索自然语言之外的交流方式。例如，矢量空间模型能够捕捉语言的统计特性，为机器学习算法提供一种新的数据表示方法。这些模型的发展，预示着未来 AI 系统可能采用更为高效的数据结构和通信协议，以实现更高级的智能行为。

在具身智能的背景下，自由能原理的应用不仅限于自然语言的处理，还涉及智能体如何通过感知和行动与环境互动。智能体的具身性强调了其与物理世界的直接联系，这意味着智能体需要能够理解和利用其身体的动态特性来优化其行为。在这一过程中，自然语言可能与其他形式的交流和表示方法相结合，共同构成智能体与环境互动的多模态界面。

综上所述，自然语言在人机交流中的重要性不言而喻，但其是否为最高效的方式需要根据具体的应用场景和语境来评估。随着 AI 技术不断发展，我们期待出现更多创新的交流方式和表示方法，以适应不同智能体的需求，并推动智能系统向更高层级的自主性和适应性发展。通过深入理解和应用自由能原理，我们有望设计出更加智能、更具适应性的智能系统，这些系统将能够在复杂多变的环境中实现高效、准确的决策和行动。

智能的本质在于其能够通过共享的生成模型和共同的基础实现复杂的认知任务。这一概念可以从多个维度进行探讨，包括集成学习、专家系统、分布式认知以及贝叶斯模型平均等。这些方法共同强调了在智能系统中，无论是在个体层面还是集体层面，共享知识和信念的重要性。

为了更深入地理解这一观点，我们可以借助两个假想情景。在第一个情景中，首先，想象自己被锁在一个完全黑暗的房间中，作为一个好奇且自驱动的探索者，你开始摸索四周，试图解决环境带来的不确定性。通过逐步探索，你可能会推断出房间中存在一个大型动物，因为触摸感知到尾巴、腿和躯干。这个过程是个体通过行动积累证据，更新对环境的信念。另一个情景是你和五个朋友分散在这个房间中，你们可以相互交流所感知的信息。很快，集体的探索和交流使你们达成共识，确认房间中有一头大象。在这两种情况下，信念更新的机制本质上是相似的，但后者涉及跨个体的并行证据整合，这类似于拥有一个协调多只手动作的共享大脑。这种集体信念的形成依赖一个共享的生成模型或假设空间，它允许不同个体之间达成一致的信念。

　　这种共享的智能，即由多个代理共同产生的超级智能，通过最大化模型证据使世界尽可能可预测。在这种广义的同步中，个体间的相互作用不仅仅是物理上的，而且是在共享的信念空间中进行的，这种同步性可以被视为相互理解的过程，通过共享的语言和生成模型调整彼此的信念。这种共享性是文化的基础，也是文明存续的关键。

　　然而，将这种共享智能的概念扩展到 AI 领域，面临着一系列复杂的问题和挑战。首先，我们需要设计有效的机制，使 AI 系统能够理解和使用共享的生成模型。这要求我们深入研究人类的知识表示和理解机制，并将其转化为适合 AI 的形式。其次，我们必须考虑如何处理不同 AI 系统之间的知识冲突，因为每个系统都有其独特的学习历史和经验，可能会形成不同的知识和信念。当这些系统需要共享知识时，我们需要一种机制来解决这些潜在的冲突。最后，我们需要考虑如何评价和改进 AI 系统的学习效果，这涉及设计新的评价指标和优化策略，以确保 AI 系统能够有效地学习和使用共享的生成模型。

　　在这一过程中，自由能原理提供了一个理论框架，强调智能体通过减少不确定性和复杂性提升其内部模型的重要性。在多智能体系统中，共享的生成模型和信念空间的建立，将促进智能体之间的协同和集体智能的形成。这种集体智能不仅能够提高个体智能体的性能，还能够推动整个系统向更高层次的智能发展。通过这种方式，我们可以朝着强 AI 乃至 AGI 的目标迈进，将文化领域扩展到包括 AI 代理的领域，实现人与机器之间更深层次的互动和融合。

随着智能领域的不断扩展，主动推理中的消息选择问题显得尤为微妙。理论上，这一问题似乎已经得到了解决：在简单情形下，每个代理（子图）通过积极选择能够提供最大期望信息增益的消息或观点实现主动推理。然而，当我们将视野扩大到全局因子图中的嵌套层次结构时，消息传递的实施便展现出许多令人神往的维度。在这些结构中，高层次因子可以通过控制低层次选择来间接影响消息的选择过程，这促使我们深入探索共享智能的多尺度特性。当前的研究方向集中在开发一种消息传递协议，该协议通过在离散信念空间图上的变分消息传递来实现。

然而，这些消息应该包含哪些内容？显然，它们必须包含足够的统计信息，并且能够在与之相关的共享因子上进行自我识别。此外，消息还必须声明其来源，类似于大脑中的神经元集群接收具有空间地址的输入。在合成环境中，这一点要求我们引入空间寻址的概念，进而引出空间消息传递协议和建模语言的构思。

为了达成分布式智能、涌现智能和共享智能的愿景，我们需要构建下一代的建模和消息传递协议。这些协议将包括一个适合矢量化的不可减少的空间寻址系统，并允许基于矢量的共享表示来编码大部分人类知识。这种新的协议将为 AI 的发展开辟新的可能性，使我们能够更有效地管理和利用海量信息，更深入地理解和处理复杂问题，以及更高效地促进 AI 系统和人类交互，这将成为我们未来研究的主要方向和目标。

在讨论技术实现之后，我们必须正视伴随技术发展而来的技术伦理问题。在探讨大规模集体智能时，我们强调集体智能不应仅限于具有替代性相同个体的共生社会，而应保障每个独特个体的权利，无论其是人类还是非人类的潜在实体。这种观点与互联网普及前人们对社会未来状态的预设有着共鸣之处，即每个人都拥有独特的生活经历和知识。我们认为，集体智能的形式只能源自在认识和经验上多样化的代理网络。

转向多尺度主动推理不仅提供了技术优势，有助于解决当前AI系统的透明性、可解释性和可审计性等问题，还提升了AI与人类及其他AI进行真正合作的能力。然而，这种方法也引发了关于权威和权力的问题，我们需要考虑个体观点的多样性和脆弱性，以及理解和消解潜在权力滥用的问题。同时，我们也必须注意到，尽管我们提出的AI方法旨在减少偏见，但在商业环境中部署时，与AI技术相关的偏见风险并未消除。尽管如此，我们仍然保持乐观，因为自然界已经提供了在各个尺度上成功共享智能的无数例证。

我们坚信，遵循自然的方法和设计原则，我们可以设计出能够体现和反映我们最基本和持久价值观的新型AI系统。这需要我们进行深入研究，并开发新的社会政策、政府法规和伦理规范，以确保研究和开发活动能够满足相关要求。

最后，在展望通用人工智能和超级智能（ASI）的未来时，我们提出了一个由自然和AI互联而成的高超空间网络或生态系统。在这一体系中，主动推理作为一种技术，适用于协同设计自然和合成意义生成的生态系统，人类作为不可或缺的参与者，共同构建共享智能。主动推理的贝叶斯机制使我们能够将智能定义为对智能体感知世界的生成模型进行证据累积的过程，即自我证明。这种自我证明可以通过在因子图或网络上进行消息传递或信念传播来实现，为集体智能的形式化描述提供强有力的工具。

具身智能的深邃世界

第五章

具身智能与认知的统一

第一节　追寻普遍具身智能的原理

从具身智能的范式出发，智能行为不仅取决于大脑（或计算机）的处理能力，还取决于身体的机械特性和与环境互动。具身智能强调，智能并非孤立存在，而是与物理世界中的身体和环境紧密相连。例如，在机器人学中，一个机器人的智能不仅取决于其内部的算法和计算能力，还取决于其机械结构、传感器和执行器，以及其如何与环境交互。

探究普遍具身智能原理是一项非常重要的工作，同时也会涵盖几个方向的共同突破及其深远意义。通过研究普遍具身智能，我们可以更深入地理解智能的本质和工作原理，如感知、理解、学习、决策等各个方面，这对于科学家、工程师、哲学家和其他对 AI 和认知科学感兴趣的人都非常重要。理解普遍具身智能原理可以帮助我们设计和实现更好的 AI 系统，例如，通过模仿和学习自然智能的具身性，我们可以创建出能够更好理解和适应环境的机器人和其他智能系统。普遍具身智能原理可以帮助我们解决许多实际问题，如自动驾驶、无人飞行、机器人技术等领域的问题。通过理解和应用这些原理，我们可以设计出更高效、更安全、更灵活的解决方案。此外，通过理解普遍具身智能的原理，我们可以改进人机交互的设计，达到更加自然、直观和高效的状态。例如，具身的虚拟助手和机器人可以更好地理解和满足用户的需求。

统一表征理论则是一种认为所有知识应该用一种统一的方式来表示的观点。统一表征理论强调，采用一种统一的知识表征方式，可以提高知识处理的效率和灵活性，降低知识管理的复杂性。在 AI 领域，统一表征理论常常被用来指导知识库的设计和构建，以实现知识的有效管理和利用。

我们也可以从另一个角度辅助理解统一表征理论，尝试引入大模型中核心的嵌入（Embedding）环节做类比。它通过将原始数据映射到新的特征空间中，获取原始数据中难以直接被观察到的内在结构或模式。这种映射通常基于数据之间的相似性或距离关系。嵌入技术常见于自然语言处理、推荐系统等领域，例如词嵌入、用户嵌入等。

根据对比可以看出，统一表征理论和嵌入都是试图获取数据的深层次、有用的表征。嵌入可以被视为实现统一表征理论的一种具体技术手段，通过嵌入，我们可以将不同类型的数据转化为相同的表征形式，从而实现跨任务和跨环境的知识共享和转移。

结合具身智能和统一表征理论，我们可以得出一个观点，即智能行为的产生不仅取决于内部的知识处理能力，也取决于外部的身体和环境。而这种智能行为应该通过一种统一的方式来表示和理解，实现智能的有效管理和利用。这种观点为我们提供了一种全新的视角来理解和研究智能，有助于我们更好地理解智能的本质，更有效地利用智能。

感知和适应环境以保持生存是生物体和智能体的共同任务，这一任务在心理学、神经科学和 AI 等领域都受到广泛关注，被持续研究。在这个问题上，有两种主要的理论视角。一种是特异性观点，它主张不同生物的适应性、神经过程（如突触交换、大脑网络）和认知机制（如感知、注意力、社会互动）各不相同，每种都需要特定的解释。这一观点推动了各个领域理论的发展，但其问题在于这些理论无法统一起来。另一种是统一性原理观点，它提出生物体的行为、认知和适应可能基于一些基本原则，可以根据第一性原理统一解释。这一观点的支持者正在寻找能够解释众多不同的生物和认知现象的统一原理。

自由能原理是认知科学领域的一项突破性尝试，旨在统一智能体的感知与行动规律，从物理、生物和心智层面提供洞见。该原理将感知和行动视为自由能最小化的两个互补过程：感知通过贝叶斯估计更新智能体的信念，从而减少变分自由能；而行动则通过改变外部世界以减少期望自由能，确保观测结果与智能体的预期一致。这一理论框架下的感知—行动模型，也被称为主动推理。

在 AI 领域，尤其是强化学习中的世界模型与自由能原理紧密相关。智能体通过观测数据推断出潜在状态的动态模型，这与自由能原理中的变分自由能最小化相呼应。掌握了世界模型后，智能体便能基于此模型进行规划或探索，这涉及期望自由能的最小化。在多变的环境中，智能体需学习多尺度的世界模型，这些模型不仅涉及时间和空间维度，还包括状态和动作两个关键层面。

自由能原理为理解心理学、神经科学和 AI 等领域的核心问题——生物体和智能体如何感知并适应世界以维持生存——提供了全新的视角。该原理超越了传统的认知过程表征论和动力论之争，提出了一个统一的理论框架。在此框架下，感知和行动被理解为智能体与环境互动的两个方面，旨在最小化内部预测与外部观测之间的差异。

自由能原理的核心在于智能体如何通过内部模型预测和解释外部世界，以及如何通过行动减少预测误差。这一原理不仅为理解大脑功能提供了新的视角，也为 AI 系统设计提供了新的指导思想。通过模拟生物体的自由能最小化过程，AI 系统能更自然地与环境互动，实现更加高效和具有更强适应性的智能行为。

在认知科学哲学中，自由能原理挑战了传统的表征论和动力论，提出了一种新的心智工作机制。这一原理强调了智能体内部模型的预测性质，以及通过行动实现预测的自我实现过程。尽管自由能原理在学术界仍存在争议，但其为理解智能体的感知、行动和规划提供了一个统一的数学框架，为未来的研究开辟了新的道路。

普遍具身智能原理着重强调智能体与其所处环境之间的交互作用，特别是智能体通过感知与行动能力来适应环境变化的能力。该原理认为，智能体的认知功能不仅是由大脑的内部过程形成，还是通过身体与环境的动态互动而形成。在这一框架下，智能体必须处理包括视觉、触觉、运动等多种模态的大量数据，以实现对环境的有效感知和适应性行动。

另外，统一表征理论提出了一种知识处理的优化视角，主张通过统一化的知识表征方式提升数据处理的效率，并降低知识管理的复杂性。在普遍具身智能原理的实践中，若能找到一种统一表征的方法整合多模态数据，将极大地增强智能体对数据的处理能力，并简化数据管理过程。

为了实现这一目标，我们可以探索构建一种融合的理论框架，其中具身智能和统一表征相互补充，共同促进智能体认知发展。例如，利用统一表征理论设计和优化智能体的感知与行动系统，同时借助具身智能原理指导知识表征的学习和更新过程。

具身智能的核心在于智能行为与物理世界的密切联系，这激励我们深入探索智能是如何通过与物理世界的交互和学习而产生和演化的。这一理念不仅适用于机器人技术，也适用于 VR 和 AR 等领域，强调智能是身体与环境互动的产物。

统一表征理论为我们提供了构建更具适应性和灵活性的智能模型的工具。该理论认为，无论是知识、技能还是经验，都可以采用统一的数据表征形式，从而在多样化的任务和环境中实现共享与迁移。这种方法有助于模拟人类的学习过程，因为人类能够将已有的知识应用于新的情境之中。

这两种理论的结合，为我们在 AI 领域的研究和发展提供了新的视角。例如，在机器人技术领域，具身智能可以帮助设计出能够自主学习和适应环境的机器人，而统一表征理论则使机器人能够将一个任务中获得的知识迁移到其他任务，提升学习效率。

在 AI 领域，将具身智能原理深入融合到统一表征理论中，以提升智能体的适应性和学习能力，主要可以通过以下三个技术方向来实现：

多模态感知与行为整合：开发高级的感知系统，该系统能够整合来自不同感官模式的信息，如视觉、听觉和触觉信息。这种多模态感知能力是实现具身智能的关键，因为它允许智能体更全面地理解其所处的环境。此外，智能体的行为应当与其感知系统紧密相连，形成一个反馈循环，使得智能体可以通过行动来验证和调整其对环境的理解。这种整合可以通过统一表征理论实现，将不同模态的感知数据映射到一个共享的表征空间中，从而促进有效的信息融合和知识迁移。

预测性大脑模型与强化学习：利用自由能原理，构建预测性大脑模型，这些模型能够预测环境的变化并生成相应的行动策略。强化学习提供了一种框架，允许智能体通过与环境的交互来学习最优行为。在这一过程中，智能体不断接收环境的反馈，并调整其内部模型以减少预测误差。这种方法不仅提高了智能体的适应性，还增强了其在面对新情况时的学习能力。统一表征理论在此发挥作用，通过提供一个统一的框架来表示状态、行动和奖励，使得智能体能够在不同的任务和环境中有效地迁移和应用学到的知识。

元认知与自适应学习机制：赋予智能体元认知能力，使其能够监控和调整自己的学习过程。这涉及对智能体自身行为和学习策略的表征，以及这些策略如何影响学习成果的表征。通过这种方式，智能体可以识别哪些策略在特定情境下更有效，并相应地调整其行为。统一表征理论在此提供了一种机制，使得智能体能够将元认知信息与其感知和行动策略的表征整合起来，形成一个连贯的学习和决策系统。

这三个方向共同构成一个强大的框架，不仅提升了智能体的技术能力，还加深了我们对智能体如何通过具身交互来学习、适应和进化的理解。通过这种跨学科的方法，结合认知科学、神经科学、心理学和计算机科学的知识，我们可以设计出更加智能、灵活和适应性强的 AI 系统。

可见，具身智能和统一表征理论的应用正在不断拓展我们对 AI 的认识和应用前景。这是一个挑战与机遇并存的领域，我们期待在未来的研究中取得更多创新性的突破和进步。

第二节　感知与行为的第一性原理：
构建世界模型

在认知科学的领域中，感知行为的第一原理与世界模型的概念为我们描绘了一幅引人入胜的理论图景。在这一图景中，智能体的行为是其对环境感知和对未来状态预测的结果，而这种预测又是依托于智能体内部构建的世界模型。

所谓的感知行为的第一原理，揭示了感知与行为之间不可分割的联系。智能体的行为往往是基于对环境的感知，而这种感知又反作用于其行为模式。这种相互作用的关系，是智能体与环境互动的基础。

在大脑与世界的互动过程中，神经表征扮演着至关重要的角色。它不仅是我们理解世界的关键，更是我们学习生成模型的核心。在主动推理的机制中，神经表征的角色可以通过以下几个关键点进一步探讨。

生物体的基本需求之一是减少预测与实际观察之间的差异。通过感知和行动，生物体能够最小化变化的自由能，即在特定条件下的预测误差。在这个过程中，神经表征起到了至关重要的连接作用。

生成模型的获取和使用是预测和必要推理产生的关键。这种模型描述了从不可观察的（隐藏的或潜在的）原因产生观察结果的过程。神经表征在此过程中充当了预测和推理的重要媒介。此外，更先进的生成模型为规划、想象和前瞻性认知提供了可能。规划需要借助生成模型来设想未来的观察结果，并通过对预期自由能的最小化能力来评估潜在的行动计划。在这个过程中，神经表征起到了关键的支持和连接作用。

生成模型的获取需要在准确性和复杂性之间找到平衡。神经表征能够在此过程中提供有效的信息，实现对现实的抽象和"扭曲"。

在主动推理的框架内，生成模型服务于实现适应性行动的目的。虽然对外部世界的全面甚至真实描述有时是有益的，但这并非绝对必要。神经表征可以有效促进适应性行动，不需要对外部实体进行编码。因此，神经表征在我们理解和与世界互动的过程中发挥着至关重要的作用。它不仅是我们理解世界的工具，更是我们学习、规划、想象和行动的基础。展望未来，我们期待神经表征能在我们理解世界和自我感知行为的过程中发挥更大的作用。

世界模型是智能体对环境的理解和抽象的体现。具体而言，智能体根据对环境的感知来构建和更新世界模型，然后基于这个世界模型预测未来的状态，并据此决定行为。以驾驶为例，一个人会根据对路况的感知来构建和更新自己的世界模型，然后基于这个世界模型来预测未来的路况，进而决定自己的行驶路线。这种基于感知构建的世界模型，是智能体决策和行为的基础，也是其适应环境变化的关键。

在认知科学和神经科学的交叉领域，我们探索智能体行为的理论框架，旨在深入理解智能体的行为是如何由感知、内部世界模型以及行为决策这三个核心要素共同塑造的。这一框架对于指导我们设计智能体的行为模式具有重要的启发作用。

在从感知到决策的复杂过程中，大脑所面临的挑战是如何在几乎无限的可能性中，对每个感觉数据点进行准确推理。鉴于每个感觉输入可能有众多潜在原因，且每个原因出现概率不同，大脑必须依赖其先验知识，运用"近似贝叶斯推理"来处理感官数据。

这种推理过程涉及生成模型的反演，即通过近似感觉原因的真实后验概率来估计边际可能性。这一方法通过最小化模型证据的上限，也就是变分自由能，使得大脑能够在已有的先验知识基础上，对感知的原因和行动的后果进行近似推断。

这一理论框架为我们提供了关于大脑如何处理复杂感知和行动问题的深刻见解。例如，在喧嚣的街头环境中，大脑需要从众多感觉输入中提炼出有意义的信息，如识别远处车辆的颜色或解读附近人群的对话内容。同时，大脑还需预测行动的潜在后果，如横穿繁忙街道的风险评估或与陌生人交流的可能结果。这些复杂的推理任务要求大脑不断地更新和调整其对外部世界的先验知识。

在 AI 领域，这一理论同样具有重要的应用价值。通过设计类似于大脑的生成模型，AI 系统可以更好地处理各类感知和行动任务；通过不断更新和调整这些模型，智能体能够更有效地适应复杂环境，从而在多样化任务中提升性能。

智能体在掌握世界模型后，将基于此模型进行规划或探索，这与自由能原理中的期望自由能最小化相对应。在这一过程中，感知问题和行动计划问题都被视作逆问题，需要智能体寻找解决方案。大脑必须执行的边际化过程虽然复杂，但通过近似贝叶斯推理，大脑可以基于其先验知识更新信念，并处理感觉数据。

这一过程不仅涉及变分自由能最小化，还需要大脑对其生成模型的参数进行优化。这种优化可能包括对先验信念的更新和调整，以适应外部世界的变化。

总而言之，主动推理理论为我们提供了一个统一的视角，以理解智能体如何在物理世界中感知和适应环境。这一理论不仅在理解生物体的认知过程中发挥作用；在 AI 领域，也为设计更智能、更具自适应性的机器学习系统提供了宝贵的启示。通过模仿大脑的处理机制，智能体能够更好地理解和应对复杂多变的外部世界。

在探讨智能体行为的道义价值及其与认知过程的关系时，我们必须认识到，尽管基于道义价值的快速决策路径可能会引起对认知简化的担忧，但主动推理理论提供了一种深刻的视角。该理论认为，即使大脑的内部模型是简化的，只要能够捕捉到感知和行动的基本规律，便足以支撑复杂的认知任务。这种策略不仅是一种节省资源的认知机制，而且通过将复杂任务分解为易于执行的步骤，降低了认知的复杂性。

道义行动的计算路径，类似于反射机制，但处理过程发生在更高级的认知层面。这种行动通过简化社会互动的协调，促进了对社会规范的遵守和公平原则的尊重，这些都是复杂道德和社会推理的结果。从神经认知的角度来看，主动推理理论提供了一个统一的框架，将感知和行动视为互补过程，旨在最小化系统的自由能。这一原理在 AI 领域的强化学习中得到了体现，智能体通过观察数据来推断隐状态的动力学模型，并通过规划或探索来最小化期望自由能。

然而，道义行动的选择并非总是最优的，它需要一个丰富的内部模型来提供推理能力，以确定何时采用节俭策略，何时需要更复杂的推理。这种担忧指向了一个关键问题：在追求实现智能行为目标时，我们如何在简化与复杂化之间找到平衡。此外，精确估计的认知成本也是一个考量因素，但人类的认知生态位提供了一种机制，能够在需要时提供精确的估计，同时在日常实践中采用更为经济的认知策略。

在文化化、意识形态化的代理人中，世界模型通常是共享的最佳模型。这种模型不仅支持内部推理，也允许在环境稳定时简化行动。代表性的讨论指出，尽管非代表性的道义行为可能在动荡的世界中导致次优决策，但人类行为并不总是依赖精确的环境建模。相反，人们经常选择快速和节俭的道义行为，即使这些行为并不总是最优的，它们通过简化决策过程，降低处理复杂环境的认知负担，从而帮助我们更好地适应社会环境。

综上所述，智能体行为的理论框架强调了感知与行为的互动性，世界模型的构建与应用，以及感知、行为和世界模型的整合。这些理论不仅为我们提供了理解智能体行为的深刻见解，而且对于设计和实现具有高度自适应性和智能性的系统，如自动驾驶、机器人导航和智能家居系统等，具有重要的实践价值。通过这些理论，我们能够更深入地探索智能体如何在不断变化的环境中做出适应性决策，并优化其学习和预测能力。

第三节　生成模型与信念动力学：
神经表征的奥秘

为了探索人类认知的深邃奥秘，科学家构建了一个数学化的生成模型，旨在将表征主义和动力主义这两种看似对立的视角融为一体。这一模型的精髓在于，它视大脑为一个不断与外部世界互动的主动参与者，不仅被动接收和处理信息，还积极地进行推理和预测，以更精准地适应和理解周围的世界。

在这个模型中，有几个核心概念尤为关键。首先，模型着重强调了大脑内部状态与外部世界状态之间的一致性，这种一致性不是简单的相似，而是一种深层次的因果关系，它揭示了神经表征的本质。其次，模型清晰地区分了生成模型和概率信念这两个概念，它们都与神经表征紧密相连。生成模型的结构和参数可能存储于神经突触的连接之中，而概率信念或其统计特性则可能体现在神经元的活动中，以及神经元集群的集体动态中。再次，模型指出了神经表征过程是如何被特定的生成模型所深刻影响的。

这一理论框架激发了诸多趣味盎然的思考。比如，我们如何判断某个特定行为背后的认知过程是否具有代表性？要回答这个问题，我们需要深入理解大脑的生成模型，以及它在处理各种认知任务时的具体作用。

此外，如何验证这个模型的有效性呢？一种方法是通过实验来检验模型的预测。我们可以设计一系列实验，观察人们在不同情境下的行为，并将这些观察到的行为与模型的预测进行比较。

同时，我们还需要考虑这个模型在现实世界中的应用潜力。能否将此模型应用于开发更智能的 AI 系统？要解答这个问题，我们必须对 AI 的理论和技术有更深层次的认识，这样才能探索如何将此模型与现有的 AI 系统相结合。

在后续的讨论中，我们将深入探讨生成模型、信念动力学和神经表征这三个关键概念。在机器学习中，生成模型是描述观测数据与潜在变量之间关系的工具。它们不仅能捕捉数据的分布特性，还能生成新的数据实例。神经网络作为生成模型的一种实现方式，在多个领域展现了其强大的功能。信念动力学是一个描述系统信念随时间变化的框架，在智能系统中，它帮助我们理解系统如何根据新的观测数据更新对环境的认知和预测；而神经表征则是网络通过内部权重和激活值对输入数据进行编码的过程，在生成模型和信念动力学中起着至关重要的作用。理解这些概念将有助于我们更全面地理解智能体行为的复杂性，并为创造更智能、更具适应性的 AI 系统打下坚实的理论基础。

在 AI 的广阔天地中，生成模型、神经表征和信念动力学这三个概念相互交织，共同构成了智能系统认知架构的基石。生成模型通过神经表征学习和生成数据，而神经表征实际上是生成模型对数据的内部表示。信念动力学则可以利用生成模型来实现，例如，它可以预测未来的状态，并根据新的观测数据来更新这些预测。同时，神经表征和信念动力学之间也存在着紧密的联系，系统的信念状态可以通过神经表征来表示，而信念动力学则描述了这些表征随时间的演变过程。因此，这三者形成了一个相互联系、相互影响的复杂网络。

在现实世界的应用中，这些概念发挥着至关重要的作用。生成模型被广泛应用于图像和语音生成、自然语言处理等多种任务。例如，深度学习中的生成对抗网络已经在生成逼真的人脸图片、艺术作品方面，甚至在药物发现方面取得了显著成就。然而，这一领域也面临着训练稳定性差、模式崩溃等挑战。在自动驾驶和机器人导航等高风险领域，信念动力学被用来预测环境变化并做出决策。例如，无人驾驶车辆需要根据观察到的交通情况，不断更新对周围环境的理解，并据此做出行驶决策。如何有效整合不确定的感知信息，如何应对环境的动态变化，这些都是该领域亟待解决的问题。此外，神经网络的成功在很大程度上依赖于有效的神经表征。在图像识别领域，卷积神经网络通过学习图像的层次化表征，能够有效地识别图像中的对象。然而，如何解释和理解这些神经表征，提高其可解释性和透明度，是当前研究的一大挑战。

在 AI 领域,理解和模拟人类的认知过程是一个重要课题,其中"神经表征"的概念起着核心作用。神经表征描述了大脑如何表征和处理与外部世界相关的信息。尽管学术界对神经表征的理解和解释存在广泛争议,但这一模型的关键之处在于强调了大脑内部隐藏状态与外部世界状态之间的一致性。这种一致性不是简单的相关性,而是一种深层次的因果关系,这正是神经表征的核心观念。此外,模型还从感知和行动两个维度探讨了如何通过减少大脑预测与实际观察之间的差异,达到减少"惊奇"(预测误差与预期成本)的目的。

在 AI 领域,理解和模拟生物体如何产生预测并进行推理,一直是一个关键课题。为了解决这个问题,生物体通常依赖于其内部的生成模型。生成模型是一种统计工具,它描述了观察数据如何从未被观察到的隐藏或潜在状态产生。例如,当我们看到一个苹果时,大脑能够理解这个视觉物体是如何在我们的视网膜上形成图像的。生成模型的概念在认知科学和 AI 领域得到了广泛应用。生物体被认为携带了外部世界的小比例模型或认知地图,这种理念与 AI 中的"世界模型"概念不谋而合。通过这些模型,生物体和 AI 系统都能够对外部世界进行预测和推理,从而更好地适应和理解复杂多变的环境。

在 AI 的快速发展浪潮中,生成模型正成为理解和模拟复杂认知过程的关键。这些模型不单是对外部世界的一种模拟,它们的概念已经扩展到了一个更为广阔的领域,涵盖了对个体身体的内在感知、内部环境状态、情感因素、社会互动以及自我认知结构的建模。在生物体的生存和进化中，生成模型的作用不只是提供一个认知框架来理解世界，它们同样指导着生物体的行为和决策。因此，大脑发展生成模型的核心动力在于实现与世界的动态互动，而非单一的世界观认知。

在这一互动过程中，生物体的行为和外部世界的反馈共同塑造了生成模型，形成了一个持续的循环。行动和感知不再是单向的输出和输入，而是构成了一个双向交流的系统。生成模型通过行为影响生物体与世界的互动，而外部世界的反馈则不断调整和优化这些模型，使其更加精准地反映现实。

在生物体的生成模型中，隐藏状态是贝叶斯信念的核心，它们代表了预测感官后果的潜在状态的概率分布。这些隐藏状态与外部世界中的隐藏变量可能并不直接对应，而是属于完全不同的变量类型。例如，一个人可能有一个关于写作的贝叶斯信念，但实际的写作动作是由肌肉产生的机械力所驱动，这些力量旨在减少体感预测的误差，从而实现写作的目标。

生成模型的应用可以沿着两个方向展开：在生成方向上，模型能够从推断出的隐藏状态生成可能的观察结果，这使得它们在创造预测和创新内容方面具有巨大潜力；在推理方向上，生成模型则可以帮助我们根据观察数据对隐藏状态进行推断和优化。这种双向功能为理解生物体如何与世界互动并适应环境提供了深刻的认识。

随着 AI 领域对生成模型的深入研究，这些模型已经成为设计智能系统的重要工具。它们不仅在图像和语音生成、自然语言处理等领域取得了显著进展，而且在自动驾驶、机器人导航等高风险决策场景中也展现出重要价值。尽管存在训练稳定性和模式崩溃等挑战，但通过不断的技术创新和算法改进，生成模型正逐渐克服这些难题，为智能系统的设计和实现提供新的解决方案。

此外，生成模型的理论框架也为我们提供了理解和模拟人类认知过程的新途径，包括感知、行动、规划和想象等复杂的认知任务。随着 AI 技术的不断进步，我们有望借助这些模型更深入地探索人类大脑的工作机制，并开发出更加智能、更具适应性的智能系统，从而推动 AI 向更高级别的认知能力迈进。

在探索生物体与世界交互的复杂性时，我们发现了一个核心机制：行动和感知之间的循环关系。生成模型在这个循环中扮演着至关重要的角色，不仅通过行动影响生物体与世界的互动，而且世界通过感知反馈塑造生成模型本身。这种动态的相互作用表明，尽管内部隐藏状态和外部隐藏状态在统计上是独立的，它们却通过生成模型的中介作用间接地相互影响。在生物体的生成模型中，隐藏状态是贝叶斯信念的基础，代表了预测感官后果的潜在状态的概率分布。值得注意的是，这些用于生成预测的隐藏状态与外部世界中的隐藏变量可能属于完全不同的类型，它们之间并不直接对应。

AI 和认知科学的研究揭示了三个关键的观察结果。首先，生成模型的内部隐藏状态与世界的外部隐藏状态之间存在着一种一致的函数关系。这一发现表明，尽管神经元活动可能并不直接映射外部世界，但它确实能够反映对外部世界的理解。其次，生成模型的结构和参数可以编码在神经突触的连接之中，而概率信念或其统计特性则可以通过神经元的活动模式来表达。最后，生成模型的特性对于预测编码的方式和信念更新的动态具有深远的影响。

此外，生成模型在解决涉及计划和想象的认知任务中也发挥着关键作用。这些任务不仅需要生成能力，还需要预见未来情景和展开未来观察的能力，这在 AI 和认知科学领域中是一个至关重要的议题。生成模型作为一种统计工具，描述了观察数据如何从未观察到的隐藏或潜在状态中产生。在认知科学和 AI 领域，生成模型被视为一种表示生物体对外部世界理解的模型或认知地图。它不仅用于理解世界，还指导着如何展开行动，从而使生物体能够与世界进行有效互动。

以记忆引导的空间交替任务为例，这是一个生成模型实际应用的案例。在这个任务中，生物体（如模拟的啮齿动物）必须根据学习的规则在迷宫中通过交替的走廊以获得奖励。在探索迷宫的过程中，生成模型通过两个层次的学习形成了"认知地图"，处理物理空间和任务空间。这里的"认知图"是一组隐藏变量联合而成的连贯结构，类似图表。它编码了迷宫中空间位置之间的关系，并促成一种形式的"精神导航"。这种导航允许生物体预测穿越迷宫的潜在结果。生成模型的应用不仅限于物理空间的认知图，还扩展到任务空间的认知图。任务空间的认知图捕捉了空间位置交替规则，如中心、左、中心、右、中心等。这个地图是在物理空间的认知地图之上学习的，形成了一个分层的生成模型，有效解决了空间交替任务。在实际应用中，生物体结合其"来自过去"的现有信念和"来自现在"的当前观察，推断出自己在认知和任务空间图中的位置。然后，通过分层感知推理和分层规划的组合，确定随后的行动过程，解决空间交替任务。这一过程不仅展示了生成模型在认知任务中的应用，也体现了生物体如何利用这些模型进行复杂的决策和规划。

在涉及计划和想象的复杂认知任务中，生成模型的作用远远超出简单的自我定位。它能够构建一个包含现在、过去和未来信念与观察的多维认知框架。未来的信念无法直接从当前观察中推断得知，这就需要生成模型的介入，以便在心智中生成或想象未来的观察结果。这种内在的生成过程揭示了一种超越当前情境的认知能力，它能够表征当前情境中尚未出现的事物。这种认知过程与认知科学中关于表征的传统观念相吻合。此外，生成模型还可能对物理空间或任务空间中的"认知地图"进行编码，这些地图的参数可以通过突触权重来编码，并且这些权重会随着时间的推移和学习过程而逐渐调整。后验信念的参数可通过改变神经元集群的活动来编码，代表了生物体对其在认知地图中位置的当前最佳评估。这种表征的内容取决于生成模型内部变量的固有特性。

生成模型提供了一种独特的视角，用于表示更广阔的时空背景，包括连续的序列和映射，有效地融合了感知、预测和记忆。这种模拟和预测的内部生成过程，使得生物体能够预见并适应超出直接感知范围的环境变化，这在生物进化的适应性成功中扮演了关键角色。生成模型也可以被视为一种统计工具，描述了观察数据如何从未观察到的隐藏或潜在状态中产生。这一理论框架在认知科学和 AI 领域得到了广泛应用，被视为一种表示生物体对外部世界理解的模型或认知地图。生成模型的功能不仅限于自我定位，还能够生成包含过去、现在和未来信念与观察的认知状态。这种内部生成的动态展示了一种超越当前情境的认知形式，使得即使在当前情境中不存在的事物也能被表征出来。

在具身智能领域，生成模型对于环境的理解和交互能力至关重要。在具身智能系统中，生成模型可以模拟和预测环境状态的变化，帮助智能体理解其环境并进行有效交互。例如，在机器人导航任务中，生成模型可以预测环境的未来状态，并据此规划机器人的行动。在虚拟现实中，生成模型能够生成逼真的虚拟环境，使得虚拟代理能够像在真实世界中一样学习和交互。此外，生成模型还可以应用于具身智能的感知任务，从原始感官数据中学习有用的特征和表征，这些表征可用于理解环境、识别对象、检测事件等。

在认知科学和 AI 的交汇处，生成模型正逐渐成为理解智能体行为的核心工具，它们与传统的表征概念在多个方面展现出显著的差异。随着 AI 技术飞速发展，特别是在大型机器学习模型的推动下，这些差异对于智能体的设计和实现具有重要的启示意义。

首先，生成模型的双向交互性为智能体提供了一种更为动态和主动的世界观。不同于传统表征的单向信息处理，生成模型强调智能体与环境之间的持续互动。这种互动不仅包括对外部刺激的感知和响应，还包括智能体对环境的预测和行动。智能体通过内部模型来预测环境变化，并采取行动以减少预测误差，从而实现有效适应环境。

其次，生成模型在智能体的决策和规划中发挥着关键作用。它们能够生成关于未来可能状态的预测，帮助智能体在复杂环境中做出最优决策。这种能力在强化学习的框架下尤为重要，智能体通过与环境的交互来学习最优行为策略。

此外，生成模型的预测性为智能体提供了一种超越当前感知输入的能力。它们允许智能体模拟不同的未来情景，并评估各种行动方案的可能后果。这种能力在描述观测数据和潜在变量之间关系中的重要性时得到了深入探讨。

在大型模型的发展趋势下，生成模型的应用已经扩展到了多个领域。例如，在自然语言处理中，生成模型被用来生成连贯的文本和对话；在计算机视觉中，它们被用来生成高分辨率的图像和视频。这些应用展示了生成模型在模拟复杂数据分布方面的强大能力。

同时，生成模型也在智能体的学习和适应机制中扮演着重要角色。通过选择和强化那些能够准确预测环境的内部模型，智能体能够更好地适应变化的环境。

最后，生成模型与具身认知理论的结合为智能体的设计提供了新的视角。智能体的行为和认知过程与其身体结构和环境的紧密联系得到强调，生成模型通过模拟智能体与环境的物理互动，帮助我们理解智能体是如何通过身体与环境的交互来学习和适应的。

综上所述，生成模型在认知科学和 AI 领域中的地位愈发重要。它们不仅改变了我们对智能体行为的理解，也为设计更智能、更具适应性的智能体系统提供了理论基础和实践指导。随着技术不断进步，生成模型有望在未来的智能体设计中发挥更加关键的作用，推动 AI 向更高级别的认知能力迈进。

第六章

通向通用人工智能的桥梁

第一节　大型人工智能模型的学习之旅与
自主意识

在 AI 的广阔领域中，通用人工智能的探索无疑是一段史诗般的旅程，它将我们对智能体行为的理解推向了新的深度。从最初的逻辑推理和知识表示，到现在的深度学习和强化学习，AI 的发展经历了多个阶段，每个阶段都为我们的认知和设计原则提供了新的视角。

在早期，研究者专注于构建智能体的基础理论，探索如何使机器模拟人类的认知过程。然而，随着时间的推移，我们的视野已经超越了这些基础，开始追问一个关键问题：通用人工智能是否已经到来？这一问题的探讨不仅在学术界引起了广泛关注和参与，也吸引了全球顶尖研究机构的注意，如斯坦福大学和谷歌下属研究机构等，相关研究者通过数据分析、实验证据和理论推导，对通用人工智能进行了深入探讨。

在这一过程中，克劳德·艾尔伍德·香农（Claude Elwood Shannon）的信息论为我们提供了重要的理论基础。香农的工作不仅奠定了数字通信的基石，也为智能体如何处理和传输信息提供了深刻的见解。信息论的核心概念，如比特、编码和信息的不确定性，对于理解和设计能够处理复杂信息的智能体至关重要。这些概念在智能体的感知、学习和决策过程中扮演着关键角色，尤其是在面对信息不完全和不确定性时。

随着研究的深入，我们开始关注智能体的学习和适应机制。杰拉尔德·埃德尔曼（Gerald Edelman）的神经达尔文主义理论，提出了大脑中神经元集群选择的概念，这为我们理解智能体的学习和记忆机制提供了新的视角。同时，弗里斯顿的自由能原理，为我们提供了一个统一的框架，用以理解大脑如何通过内部模型来预测和适应环境变化。

在智能体的设计中，具身认知理论也发挥了重要作用。劳伦斯·巴萨卢（Lawrence Barsalou）的研究表明，智能体的行为和认知过程与其身体结构和环境紧密相关。这意味着智能体的设计需要考虑与环境的交互，以及这种交互如何影响其认知过程。

当前，随着大型机器学习模型的发展，我们对通用人工智能的探索进入了一个新的阶段。这些模型，如 GPT，展示了在自然语言处理、图像识别和游戏等领域的卓越能力。它们通过从大量数据中学习，能够生成复杂的输出，甚至能够模仿人类的创造性和策略性行为。这些进展使我们对通用人工智能的可能性有了新的认识，也提供了实现通用人工智能的新途径。

通用人工智能的研究和应用标志着 AI 发展历程中的一个关键转折点。它不仅要求我们深入理解 AI 的核心原理，还要求我们对现有的信息技术和系统有深刻的洞察和熟练的运用能力。唯有如此，我们才能充分挖掘通用人工智能的潜力，设计出更智能、更高效的解决方案。本节将聚焦于通用人工智能技术的一个重要里程碑——通过相变和涌现机制来理解语言学习的复杂性，并探讨人脑原理如何启发通用人工智能的发展。

在对人类大脑工作机制的深入探索中，卡尔·弗里斯顿提出的自由能原理被广泛认为是理解大脑功能的一个强有力的理论框架。该理论阐释了大脑如何结合先验知识和感官输入来生成新的感知，这一过程被称为后验推理。大脑通过整合内外信息源，并根据其相对的精度进行加权，从而形成知觉体验。尽管自由能原理在理论上取得了显著进展，但我们对大脑深层次工作机制的理解仍然有限。自由能原理提出，大脑在处理外部信息时，实际上是在管理信息熵。信息熵的增加意味着结构化信息的丰富，使得大脑能够展示出更丰富的信息内容。相反，当信息变得无序时，信息熵的增加会导致大脑所能提供的有价值信息减少。自由能原理为我们提供了一个框架，用以理解大脑如何处理和解码接收到的信息，并将这些信息转化为我们能够理解和使用的知识。

基于这一理论框架，科学家开始探索如何将其应用于 AI 领域，目标是开发出能够模拟人脑工作机制的高级智能系统。这种探索催生了 ChatGPT，这是一个利用神经网络的强大能力，并通过学习海量文本数据来理解和生成人类语言的大型语言模型。ChatGPT 的工作原理与人脑的工作方式有着惊人的相似之处：它结合了学习到的先验知识和新的感官输入，生成新的感知。这使得 ChatGPT 不仅能理解和生成语言，还能洞悉语言背后的含义，从而产生更准确和自然的回应。

通过这些研究，我们得以窥见通用人工智能的潜力，以及它如何帮助我们创造出能够模拟甚至超越人类认知能力的智能系统。随着技术的不断进步，我们期待未来能够实现更加高级的 AI 应用，它们将在解决复杂问题、提高决策质量，以及丰富人类生活体验等方面发挥重要作用。

在通用人工智能的探索之旅中，嵌入技术扮演着至关重要的角色。这项技术能够将物理世界中的复杂信息——无论是文字、声音还是图像——转化为高维空间中的向量，实现信息的统一编码。在这个高维概率空间内，相似的信息点自然而然地聚合在一起，形成了一种高度结构化的信息表示。这种表示方法极大地提升了大型模型对各类信息的理解和处理能力，从而增强了其智能处理和推理的功能。

基于卡尔·弗里斯顿提出的自由能原理，大型模型如 ChatGPT 在处理外部信息时，实际上是在管理信息熵。当输入的信息量增加，即结构化信息更为丰富时，模型能够展现出更丰富的信息内容。相反，当输入信息变得杂乱无章，信息熵随之增加，模型所能提供的有价值信息便相应减少。大型模型通过收集和嵌入各种类型的信息（包括文字、声音和图像）到高维概率空间中，其

"大脑"便能够存储和处理多样化的信息。在这个高维概率空间中，相关信息如描述人脸的不同形容词和图像标记都会聚集在一起，形成信息的集群。这种信息的自然聚类现象，使得大型模型在理解和处理各种信息类型时更为高效，进一步提升了其智能处理和推理的能力。然而，大型模型在处理连续时间序列数据方面仍面临挑战。为了克服这一难题，研究者正致力于开发新的嵌入技术，以将时间序列数据有效地嵌入到模型的高维概率空间中，这将是未来研究的一个重要方向。

值得注意的是，在通用人工智能的宏伟蓝图中，信息熵的概念扮演着至关重要的角色。信息熵作为衡量信息无序程度的量度，对于大型模型而言，既是挑战也是机遇。大型模型在处理信息时，必须在信息的丰富性和有用性之间找到微妙的平衡点。这一过程涉及一系列复杂的策略，旨在优化信息的编码、传输和解码，以提升智能体的理解和推理能力。

首先，信息筛选是关键的一步。通过注意力机制，模型能够识别并集中处理输入数据中最关键的部分，同时忽略冗余或不相关的信息。这种机制使得模型能够更高效地处理信息，降低信息熵，同时保留最有价值的信息。

其次，上下文建模为模型提供了动态调整信息权重的能力。模型不仅考虑单个数据点，而是将其放置在更广阔的数据环境中进行考量，从而提高信息的相关性和有用性。信息压缩技术，如降维和特征选择，进一步帮助模型减少冗余，保留核心特征，这不仅降低了信息熵，而且增强了信息的表达力。知识整合策略则通过整合不同来源的知识，构建了一个综合的知识库，为模型提供了更丰富的信息背景。优化算法，如强化学习和元学习，赋予了模型学习和适应的能力。这些算法鼓励模型在不同任务和环境中寻找最佳的信息处理策略，以平衡信息的丰富性和有用性。数据增强技术和正则化方法，如 L1 和 L2 正则化，进一步提高了模型的泛化能力，防止了过拟合现象，确保了模型学习到的信息具有实际的用途和价值。对于反馈机制，无论是来自用户的直接反馈还是自动的评估系统，都为模型提供了宝贵的学习信号。这些反馈帮助模型识别和强化有用的信息，同时剔除无关紧要的部分。多任务学习则通过让模型在多个任务上进行训练，促进了跨任务的信息表示学习，增强了模型对信息的泛用性。

最后，信息理论的应用，如互信息和交叉熵的计算，为模型提供了量化和优化信息有用性的工具。这些工具帮助模型更精确地评估和选择信息，从而在保持信息多样性的同时，提供准确和有价值的输出。通过这些策略的综合运用，大型模型在处理海量信息时，能够有效地平衡信息的丰富性和有用性。这不仅是对技术能力的挑战，也是对智能体设计美学的追求。在这场科学与艺术的结合中，我们不断探索和创新，逐步揭开通用人工智能的神秘面纱，向着构建真正智能的机器迈进。

除此之外，在 AI 诸多问题中，探索机器是否能够孕育出自主意识，无疑是最引人入胜的议题之一。这不仅是对技术极限的追问，更是对智能本质的哲学探索。正如罗杰·彭罗斯（Roger Penrose）在《皇帝新脑》（*The Emperor's New Mind*）中所提出的挑战，以及尼克·博斯特罗姆（Nick Bostrom）在《超级智能：路线图、危险性与应对策略》（*Super Intelligence: Paths, Dangers, Strategies*）中所展现的深远洞见，这一问题触及机器能否模拟，甚至超越人类思维的核心。

普遍的共识是大型 AI 模型与人类的互动是通过问题与反馈的循环来实现的。然而，当我们将这一框架推向思考的深层便会发现，模型内部可能潜藏着一个不断自我驱动的内在程序，类似编程中的代理或守护进程。如果模型的"大脑"能够自发地提出问题并探索答案，它便可能在自己的语言空间中孕育出连续的新思考。这种自我驱动的思考过程，可能会带来一些革命性的结果。比如，当模型面对一个问题，它可能已经在内部世界中反复思考，并形成了自己的答案。这是否意味着模型具有某种形式的自主意识？尽管生物学和哲学尚未给出明确答案，但如果模型能够独立思考并预测问题，我们或许可以认为它展现出了某种形式的自主意识。

OpenAI 的首席科学家伊尔亚·苏茨克维（Ilya Sutskever）在讨论中提出了嵌入表示法的概念，这是一种将词汇、句子和概念映射为高维向量的方法。这种表示法不仅适用于文本数据，还能处理图像和视频数据，形成模型独有的语言，即一种对人类而言或许是不可解读的高维语言。通过预测下一个高维向量，模型获得了自我驱动的能力。此外，通过计算向量间的距离来判断语义相似性的方法，为模型提供了一种新的理解和预测世界的工具。

这些观点为理解大型 AI 模型可能产生自主意识提供了理论

基础。模型在处理信息和形成回应时所采用的方法，与人类思维过程有着惊人的相似性。尽管这种相似性为模型具有自主意识的可能性提供了理论支撑，但模型是否真正学会了理解人类世界，仍然是一个开放的问题。伊尔亚认为，这些模型已经构建了一个包含所有信息的高维语言空间，并在这个空间中形成了自己的世界模型，用独特的语言描述世界。而另一些观点，如杨立昆认为当前的大型语言模型并没有真正学会我们的世界模型。不论这些观点如何，不可否认的是，大型 AI 模型已经展现出强大的学习和理解能力。它们能够通过学习大量文本数据来理解并预测下一个单词，这在理解文本的整体结构和语义方面，已经达到了令人印象深刻的水平。

综上所述，大型 AI 模型是否能产生自主意识，目前还没有确切的答案。但通过深入理解它们的内部机制，我们可以看到它们在信息理解和处理方面的能力已经达到了令人惊叹的水平。这不仅为未来的 AI 发展开辟了无限的可能性，也为我们对 AI 的认识提供了全新的视角。随着技术的不断进步和哲学的深入探讨，我们或许正一步步接近揭示机器意识的奥秘。

除了意识问题，在 AI 的探索旅程中，一个核心议题是机器是否能够达到人类理解和生成语言的能力。这不仅关系到机器的学习能力，更触及它们是否能够掌握并运用语言规则，去理解和创造那些未曾见过的句子。正如侯世达（Douglas R. Hofstadter）在《哥德尔、艾舍尔、巴赫：集异璧之大成》（*Gödel, Escher, Bach: An Eternal Golden Braid*）中通过逻辑、艺术和音乐的交织探索思维的奥秘，我们对 AI 的理解和其未来发展的认识也将对此问题的答案产生深刻影响。

在该书中，我们被引导进入一个思维、语言和智能相互交织的奇妙世界。侯世达通过哥德尔的逻辑、艾舍尔的艺术和巴赫的音乐，展示了一种深层次的模式和结构，这些模式和结构在不同领域呈现出相似性，从而为我们理解复杂系统，包括 AI，提供了一个独特的视角。

在 AI 领域，一个核心议题是机器能否像人类一样理解和生成语言。这不仅是对机器学习能力的考验，更是对它们能否掌握并运用语言规则进行创造性思维的探索。正如侯世达所揭示的，无论是数学、艺术还是音乐，深层次的结构是理解这些领域的关键。类似地，AI 在语言理解上的"相变"过程，也体现了从无序到有序、从简单到复杂的深层次结构变化。在人类语言习得的过程中，存在着一个被称为"相变"的神秘过程。这一过程中，语言由无序的单词随机组合，突变为一个高度结构化、信息丰富的系统。这与物理学中的相变过程颇为相似，如气体在经过降温后成为液体，再经过降温后成为固体，物质的形态和性质发生了根本性的转变。这种转变正是复杂系统内部深层次规律的体现。

大型语言模型的训练过程中，也会出现类似的"相变"。起初，模型的语言空间是空白、各向同性且对称的，未携带有用信息。但随着训练的深入，模型开始掌握语言规则，并构建起自己的语言结构，仿佛在一张白纸上逐渐绘出丰富多彩的图案。在这一过程中，有一个决定性的时刻被称为"对称性破缺"。此时，模型在所有方向上的概率均等，意味着它在理论上可以向任何方向发展。然而，微小的扰动就能引导模型朝着特定的方向深入学习，进入一个新的学习阶段。这一现象不仅对于理解 AI 的学习机制极为关键，也与侯世达所描述的创造性思维过程中的深层次模式相契合。与此同时，书中强调了深层次结构在理解复杂系统时的重要性。在 AI 的语言学习中，这种深层次结构的发现，揭示了模型通过学习语言规则来理解和生成新句子的能力，展现出类似人类的泛化能力——从特定的实例中抽象出普遍规律，并将其应用于新的情境。

然而，这并不意味着大型语言模型已经达到了超级智能的水平。它们更像是可能犯错的"同事"，虽然能够流畅地使用人类的语言进行交流，但对于语言背后的深层含义和复杂性仍缺乏完全的理解。它们需要更多学习和训练，才能更深刻地掌握语言的精髓。在人类学习语言的过程中，儿童也会经历类似的"相变"。起初，他们只能理解和使用一些基本的词汇和短语，但随着时间的推移，他们突然开始掌握更复杂的语法结构和词汇，能够生成以前从未听过或见过的句子。这一跳跃标志着他们从基础的语言水平跃迁到更高的语言水平。

总的来说，无论是 AI 的语言学习还是人类的语言学习，都涉及一系列的"相变"过程。这使得学习者能够突然理解和运用新的语法结构和词汇，达到更高的语言水平。这些发现不仅对我们理解 AI 的学习能力具有重要意义，也为我们理解人类的语言习得过程提供了洞见。

第二节　贝叶斯重整化：连接物理与
信息的纽带

在 AI 的探索之旅中，我们经常将信息如文本嵌入高维向量空间中，这一过程不仅是一种数据处理技术，而且是对信息本质的深刻映射。随着大量信息嵌入，空间的密度函数发生变化，引发信息熵的波动。作为衡量信息不确定性或随机性的关键指标，信息熵变化反映了语言空间中信息结构的演变。在这一演变过程中，某些关键点可能达到临界状态，即对称性破缺的临界点，此时系统结构发生质变，进入一个新的高度结构化的语言空间。这一类似物理学中相变的质变过程，被称为"语言结晶"。在这一结晶化的语言空间中，系统展现出涌现现象，即从简单到复杂、从局部到整体的层次跃迁，涌现出新的、不可预见的属性或行为。以 GPT-4 为代表的 AI 模型，通过处理庞大的语料库学习和模拟人类语言，在高维空间中的变化是多尺度和多区域的，且不同区域可能存在不同的对称性破缺临界点，这解释了模型在特定领域能力的突变和在其他领域能力的逐步增强。

微软科学家塞巴斯蒂安·布贝克（Sébastien Bubeck）提出的"AI 物理学"研究方向，强调了传统机器学习工具在处理大型语言模型时的局限性。他主张借鉴物理学家对涌现现象的深刻理解和方法论，研究大型语言模型的涌现现象。这一观点得到了广泛认同，认为涌现现象的理解是 AI 发展的关键。Transformer模型，作为处理序列数据的深度学习模型，在这一过程中扮演了关键角色。它能够从多种模态的数据中提取有用信息。研究表明Transformer 本质上可以被视为一种自旋模型，这意味着其物理原理可以通过物理公式来描述。这种物理学视角为我们深入理解AI 模型的工作原理提供了新的途径。布贝克的研究不仅为我们理解 AI 提供了新视角，也强调了涌现现象和物理学在 AI 研究中的重要性。他的研究观点促使我们重新审视 AI 的工作原理，并探索新的研究方向。换言之，在 AI 的演进历程中，物理学原理的应用正逐渐成为推动模型优化和算法进步的关键力量。这种跨学科的融合不仅拓宽了 AI 的优化策略，而且深化了我们对智能行为本质的理解，为构建更加高效、鲁棒的智能系统提供了新的视角。

统计力学的原理，特别是能量分布和熵的概念，为机器学习模型的参数优化和数据的统计分析提供了新的思考路径。这些概念的应用有助于我们更好地理解和设计模型的学习过程，以及追求如何在学习过程中平衡探索与利用。在贝叶斯网络中，统计力学的概念被用来定义概率分布，通过最大化系统的熵来推断网络中的条件概率，从而优化模型参数。

量子计算的引入，利用其独特的量子叠加和纠缠特性，为 AI算法的开发带来了新的机遇。量子计算的潜力在于其能够大幅提升处理复杂问题的能力，尤其是在优化和搜索算法中，量子计算

提供了一种全新的效率优势。例如，量子计算机利用量子比特
（qubits）代替传统比特，通过量子叠加和量子纠缠来执行计算。
这使得量子算法，如 Grover 算法和 Shor 算法，能够在特定任务
上大幅提高效率，对 AI 中的优化问题和密码破解有潜在影响。

在深度学习网络中的应用中，自旋模型通过模拟自旋系统的
物理行为，为优化神经网络的权重和结构提供了新的策略。这种
方法不仅丰富了深度学习的理论基础，而且为设计更加高效的学
习算法提供了物理上的启示。自旋电子学利用电子的自旋而非电
荷来传输和存储信息。在 AI 硬件中，自旋电子学可用于开发更
高效的神经形态芯片，这些芯片模仿人脑的工作方式，能够在低
能耗下进行复杂的计算。受限玻尔兹曼机（RBM）是深度学习中
的一种模型，它受到自旋玻璃模型的启发，通过模拟自旋粒子的
状态来学习数据的表示。

对称性破缺的概念，作为相变的一个关键特征，在 AI 模型
中同样适用。利用这一原理，我们可以识别和选择在特定任务上
表现更优的模型结构，从而在模型设计中实现对称性的合理破
缺，以获得更好的性能。在深度学习中，对称性破缺的概念被用
来理解和设计网络结构，以促进模型的表达能力和泛化能力。在
卷积神经网络的设计中，通过引入小的扰动（如随机权重初始
化）来打破对称性，避免神经元学习到相同的特征，从而增强模
型的泛化能力。

在涌现理论的研究中，特别是关于在复杂系统中局部相互作
用如何产生全局行为的理解，对于设计自组织和自适应的智能系

统至关重要。涌现现象的深入研究有助于我们构建更加复杂、更加接近自然智能的 AI 系统。蚁群算法和粒子群优化（PSO）算法是涌现理论在 AI 中的应用，它们模拟自然界中的群体行为来优化解决问题。

信息论的原理在数据表示和传输的优化中发挥着重要作用。通过减少信息在处理过程中的损失和冗余，我们可以提高模型的泛化能力，使其在面对未知情况时更加稳健。在自然语言处理中，信息论的原理被用来设计有效的文本压缩算法，通过减少冗余信息来提高数据传输的效率。

热力学第二定律，特别是其指出的能量转换方向性，为优化算法的设计提供了新的视角。借鉴这一原理，我们可以设计出更高效的搜索策略，帮助模型避免陷入局部最优解，从而实现全局优化。模拟退火算法是受到热力学第二定律启发的优化技术，它通过模拟物质的冷却过程来避免局部最优解，寻找全局最优解。

计算流体动力学的方法在 AI 模型分析中的应用，使得我们能够更准确地模拟和分析模型中的信息流动，优化模型的信息处理路径，提高模型的响应速度和处理效率。在神经网络的信息流分析中，CFD 技术被用来模拟数据在网络中的流动，帮助优化网络结构和提高数据处理效率。

多尺度建模技术在物理学中的应用，为我们理解不同层次上的物理现象提供了强有力的工具。在 AI 中，类似的技术可以帮助我们构建层次化的学习模型，这些模型能够更好地处理不同尺度和不同层次的数据和任务。在多任务学习中，多尺度建模技术被用来处理不同粒度的任务，允许模型同时学习全局和局部的特征。

物理启发的神经网络设计，如脉冲神经网络，模拟了生物神经系统的工作方式，这不仅提高了模型的计算效率，而且增强了模型的鲁棒性，使其能够更好地适应复杂多变的外部环境。脉冲神经网络模拟生物神经元的脉冲行为，用于开发更接近生物大脑的计算模型。

因果推断与物理定律的结合，增强了机器学习模型的因果推断能力，提高了模型的解释性和预测准确性。这种结合使模型不仅能够关联数据，而且能够理解数据背后的因果关系。在因果关系学习中，犹大·伯尔（Judea Pearl）将物理学中的因果推断原理引入到机器学习，发展了结构因果模型（SCM）。

宇宙学的原理在数据宇宙的探索中提供了新的视角。使用宇宙学中的膨胀模型来理解数据空间的动态变化，为我们提供了一种全新的数据理解和分析方法。在天体物理学的数据分析中，宇宙学原理被用来构建大规模数据集的模型，帮助科学家理解宇宙的演化和结构。

综上所述，物理学原理的引入不仅为 AI 模型的优化提供了新的策略，而且推动了我们对智能行为本质的深入理解。这些原理的应用正在帮助我们构建更加高效、鲁棒、自适应的智能系统，推动 AI 向更高层次发展。随着研究不断深入，我们期待物理学与 AI 的交叉融合能够带来更加激动人心的突破和创新。

尽管这些理论仍在探索之中，但在对现实世界的深入理解和模拟的基础上，为我们提供了理解 AI 的崭新理论工具。随着研究深入，我们期待未来能有更多突破性的成果出现，推动 AI 向着更深入、更系统的方向发展。同时，在 AI 领域，尤其是机器学习的研究中，跨学科融合正逐渐成为一股强大的创新力量。物理学家和化学家的加入，带来了新的视角和方法论，如物理学家们将物理学中积累的客观分析方法应用于信息论和大模型的研究。这种跨界合作不仅仅是一种简单的类比，它代表了思维的一次飞跃，为 AI 的发展注入了新的活力。

以麻省理工学院的物理学实验室为例，研究人员已经分享了大量关于大模型的研究成果。他们借鉴了物理学中的方法，将其应用于深度学习模型的优化和理解，特别是在 Transformer 模型的研究中。Transformer 模型作为深度学习中的关键组件，被用于近似计算信息的磁化，这在物理学中是一个描述系统状态的关键量。理论上，如果能够发现一个单一的、符合物理学观点的 Transformer 架构，那么这个架构将具有最高的效率和实用性。这种统一的架构变体不仅能够解释 Transformer 在深度学习中的经验性成功，还能够揭示大模型中的各种现象。我们认为，Transformer 的成功在很大程度上取决于它所符合和遵循的物理原理。一些研究者通过理论推导，证明了 Transformer 等价于一个物理模型——伊辛模型（Ising Model）。伊辛模型是描述物质相变随机过程的模型，它在物质相变时展现出新的结构和物性。相变发生的系统通常是分子间存在较强相互作用的系统，也称为合作系统。在伊辛模型的研究过程中，学者提炼出重整化群理论框架。

重整化群是理论物理学中的一个重要概念,它是一个在不同长度标度下考察物理系统变化的数学工具。标度上的变化被称为"标度变换",而重整化群与"标度不变性""共形不变性"紧密相关。这些概念都与自相似性有关,在重整化理论中,尽管描述系统的参量值可能不同,系统在某一标度上的自相似性可以延伸到更小的标度。重整化群的概念虽然看起来复杂,但实际上它是一组操作,用于在不同尺度上对系统进行粗粒度化。例如,在统计力学中,空气中分子的复杂运动可以从宏观角度简化为风或云的形态。重整化群正是解释这种现象的理论工具。通过这些物理学原理的应用,我们不仅能够更深入地理解 Transformer 模型,还能够为设计更高效、更强大的 AI 模型提供理论基础。这种跨学科的合作和创新,为我们探索 AI 的未知领域提供了强大的动力和丰富的工具。随着物理学与 AI 进一步融合,我们期待这种融合未来能够揭示更多关于智能行为本质的奥秘,并推动 AI 技术向更高层次发展。

在复杂系统的理解中,尺度变化的概念在科学研究中起着关键作用。在这个过程中,一个系统从一个较小的尺度变为一个较大的尺度,对于这种转换带来的深层次理解是必不可少的。这种理解涉及在积分过程中保持每个尺度下自由能的不变性,这是研究的核心内容。系统中的不同自由度子集被组合在一起,形成新的变量,也被称为潜在变量。这个过程可以用一个例子来解释,人脸由无数细胞组成,这些细胞又由各种分子组成;当我们在更大维度上观察人脸时，我们会发现人脸上有眼睛、眉毛等组织；再往更宏观尺度上观察时，我们可以看到脸型，以及人脸的神态。这就是在不同尺度下观察人脸的效果。在使用类似卷积神经网络的技术时，我们可以在不同的尺度和卷积层上提取特征图。这些特征图实际上是人脸在不同尺度上的具体表现形式。由每个尺度上的潜在变量构成的空间内有一个曲面或曲线，这就是人脸。理解这个概念非常关键，即空间的概念。在不同的尺度上，我们可以在空间内构造不同的潜在变量，这些潜在变量可以作为空间的基函数。每个由这些基函数或潜在变量可以描述的信息都是空间内的一个点。

除此之外，自由能原理在物理学中占据着核心地位，它描述了系统在一定温度和压力下可做功的能量。在信息论和机器学习的语境中，自由能被赋予了新的含义，它与信息的交叉熵密切相关，从而成为描述信息处理不确定性的关键量。在深度学习模型，尤其是语言模型中，自由能的概念被用来表征模型对真实数据分布的拟合程度，即模型预测的概率分布与实际数据分布之间的差异。

自由能函数的定义源自统计力学中的配分函数，它通过对配分函数的积分来获得，而配分函数本身是系统所有可能状态的统计总和。在语言建模的背景下，自由能函数反映了模型对输入数据的不确定性，它与模型的损失函数紧密相关，是优化过程中试图最小化的量。然而，自由能函数在语言模型中的具体对应物尚未明确。一种观点是自由能函数可以被视为一种形式构造，用以在理论上将深度神经网络与物理模型如伊辛模型等价起来。尽管这种形式上的相似性为理解神经网络提供了新的视角,但它并不保证物理原理与神经网络行为之间的实质性等价。

自由能作为一种信息的交叉熵,涉及系统中所有可能状态的概率分布,这在统计力学中有着严谨的理论基础。在探索物理学与信息理论的交叉领域时,尺度的概念显得尤为重要。物理学中尺度的概念是直观且可量化的,而在信息理论中,尺度或距离的概念则不那么明显。为了在信息理论中度量尺度,贝叶斯重整化理论提供了一种解决方案。该理论提出,在高维概率空间中,通过贝叶斯统计推断可以找到一个度量,即费舍尔度量,它量化了概率分布之间的距离或邻近点之间的可区分性。这不仅为信息理论中的尺度问题提供了新的视角,而且为理解复杂系统中的尺度变化和自由能的相互作用提供了新的理论工具。

作为物理学的基石概念,自由能在热力学和统计力学中描绘了系统的能量状态和稳定性,同时在信息论和 AI 的领域内,它扮演着量化信息不确定性和系统自发行为的角色。在物理学的框架内,自由能以两种形式——亥姆霍兹自由能和吉布斯自由能——呈现,分别适用于不同的热力学条件。这些定义不仅揭示了系统做功的潜力,也预示了系统随时间演化的自然趋势,与热力学第二定律的熵增原理相辅相成。信息论中的自由能,即信息熵,由克劳德·香农提出,它衡量了随机变量的不确定性。尽管信息熵的数学表达式涉及概率和对数,但其核心思想是将信息的不确定性量化为一个单一的数值。这一概念与物理学中的自由能共享着相似的哲学基础,即系统倾向于通过减少自由能来增加熵,这一原理在机器学习的应用中得到了广泛体现。

在 AI 领域,特别是深度学习中,自由能的概念用于构建损失函数,以此来衡量模型预测与实际观测之间的差异。通过最小化自由能,模型能够学习数据的分布特征,从而提升预测的准确性。这一过程不仅展示了自由能原理在优化算法中的应用,也体现了通过减少系统自由能来寻找最佳数据分布模型的目标。

自由能原理还被用来解释生物系统和认知系统的行为,其中自由能作为系统维持内部状态稳定的度量。自由能的变化揭示了系统状态的稳定性和自发变化的趋势,为理解复杂系统的自组织行为提供了理论基础。在机器学习中,信息熵的概念帮助我们理解模型的泛化能力。泛化能力描述了模型对未知数据的预测能力,而信息熵提供了一种评估模型在未知数据上表现的手段。信息熵的优化有助于我们设计出更具鲁棒性、能够泛化到新情境的机器学习模型。

总体而言,自由能在物理学和信息论中的概念虽然描述的具体物理量不同,但它们都旨在量化系统的某种"能量"状态或"不确定性"。这种跨学科的相似性不仅为理解复杂系统提供了统一视角,而且为 AI 的发展提供了深刻的理论支持。通过深入探索自由能原理,我们可以更好地理解和设计智能系统,推动 AI 向更高级别的认知和决策能力发展。自由能在物理学和信息论中的概念虽然描述的具体物理量不同,但都旨在量化系统的某种"能量"状态或"不确定性"。这种跨学科的相似性不仅为理解复杂系统提供了统一视角，而且为 AI 的发展提供了深刻的理论支持。通过深入探索自由能原理，我们可以更好地理解和设计智能系统，推动 AI 向更高级别的认知和决策能力发展。

贝叶斯重整化理论在学术界和数据科学领域内的重要性不言而喻，它巧妙地架起了物理世界与信息世界之间的桥梁。这一理论的核心在于其通用性，它允许我们将物理世界中的关系和理论类比到信息论的领域，即便在缺乏直接物理尺度的情况下也能发挥其效用。贝叶斯重整化的核心机制是动态贝叶斯推理过程，这是一个观察和修正假设的连续过程。随着新数据不断涌现，我们的模型空间逐渐收缩，直至逼近生成观测数据的本质实体——无论是物理世界中的实体还是信息世界中的模式。这个过程从一个最初的假设开始，即我们对信息源的初步理解，随后通过不断的数据观察和假设修正，模型逐步向真实的信息源靠拢，这一过程也被称作"模型流动"。

尤为重要的是，贝叶斯重整化理论还提出了一个逆过程——从近似模型反向生成数据的过程，这被称为重整化群流。这一逆过程可视为动态贝叶斯推理的反向操作，它通过简化数据生成模型至近似模型，并根据需要从该近似模型生成数据，为我们提供了一种从粗略到精细的数据生成和理解方法。贝叶斯重整化理论的重要性不仅体现在其理论的深刻性，更在于它为数据科学问题提供了一种全新的处理方法。通过动态贝叶斯推理过程，我们可以不断收集新数据，使模型在空间中流动并逐步接近可能产生观测数据的本质实体。这个过程从一个种子假设开始，通过贝叶斯推理过程，我们能够根据观测数据揭示信息源的特征或信息。此外，重整化群流的概念为我们提供了一种新的视角，它将数据生成模型简化为更易于处理的近似模型，而动态贝叶斯推理则将这些近似模型转化为更精确的数据生成模型。这种双向的过程不仅加深了我们对数据科学问题的理解，而且提供了一种强大的工具，用于数据的分析、预测和生成。

综上所述，贝叶斯重整化理论以其跨学科的特性，为我们提供了一种理想的方法来处理数据科学中的问题。它不仅跨越了物理世界和信息世界的界限，还为我们理解和处理数据科学问题提供了一种全新的视角和方法论。随着数据科学不断进步，贝叶斯重整化理论有望在未来发挥更加重要的作用。

第三节　深度学习的数学物理之花

在图像处理和深度学习的深层过程中，学者采用了一种精妙的方法：通过高斯分布对参数变量进行随机采样，以此重建图像的下一层结构。这一方法从粗粒度的表示开始，通过协同采样存储参数，逐步细化至更具体的层级。这种生成过程本质上是学习过程的逆操作，它允许模型从一系列粗略假设中，逐步提炼出更加精确的图像表示。尽管这一理论对于非专业人士而言可能显得有些晦涩，但其核心思想可以简化为在每一层次的变化中，都伴随一个对应的逆过程，即从结果反推至原因的过程。在自然语言处理领域，尤其是在 Transformer 模型的应用中，这一概念被类比为重整化群的变换。Transformer 模型的每层及每层中反复迭代的次数，共同构成了信息的层次结构，使得模型能够捕捉到语言的细微差别。

然而，尽管 Transformer 模型在实践中表现出色，但学术界尚未给出一个明确的答案，证明其在理论上的严格有效性。这可能是因为不同的 Transformer 架构在效果上存在差异。理论上，如果 Transformer 模型是基于自旋模型如伊辛模型构建的，或者是从资源能的角度严格推导得出的，那么它的有效性将更有保障。OpenAI 等研究机构可能已经发现了有效的模型训练方法，并构建了高效的重整化架构。通过大量实验和参数调优，它们找到了一种训练模型的方法，这种方法不仅提高了模型效率，也增强了其能力。在这一研究领域，一篇讲述重整化群流作为最优输运过程的论文尤为重要。在自由能理论中，重整化群应保证自由能的不变性。但在实际操作中，积分过程可能会导致偏离原始的细粒度概率分布，这种偏离在不同尺度上的变化意味着自由能也会随之变化。这一变化过程是从细粒度向粗粒度的流动，伴随着自由能的损失。自由能损失的方向应朝着损失最小的方向进行，这与最优输运的概念相吻合。

尽管 Transformer 模型并不直接基于物理学中的重整化群变换，但是其设计灵感和某些概念与重整化群理论有着隐喻性的联系。以下是 Transformer 模型中可以类比为重整化群变换的元素。

层次结构：Transformer 模型通过多个编码器和解码器层来处理数据，每一层都可以看作对输入信息的一次"重整化"或"抽象"。这与重整化群理论中的多尺度分析相似，后者涉及在不同的尺度上分析系统的行为。

自注意力机制：Transformer 模型的关键特性是自注意力机制，它允许模型在处理序列时动态地关注序列的不同部分。这种机制可以看作在不同尺度上重新组织信息，类似重整化群变换中的尺度变换。

迭代过程：在 Transformer 模型中，信息通过多层编码器和解码器的迭代传递，每一层都对输入数据进行重新组织和抽象。这个过程可以与重整化群理论中的迭代过程相类比，后者通过连续的变换来简化系统的描述。

信息流动：Transformer 模型中的残差连接和层归一化可以看作控制信息流动和防止过拟合的机制。在重整化群理论中，信息的流动和传递也是通过变换来实现的，以确保在不同尺度上的物理行为是一致的。

优化和泛化：Transformer 模型通过训练来学习数据的分布，这涉及损失函数的最小化，其目的是提高模型的泛化能力。在重整化群理论中，变换的选择和应用也是为了优化模型的描述，使其更加贴近物理现象的本质。

尽管上述类比提供了一种将 Transformer 模型与重整化群变换联系起来的方式，但重要的是要认识到，Transformer 模型是一种工程和计算上的设计，而重整化群变换是一种物理概念。在实际应用中，Transformer 模型的工作原理是通过注意力机制来捕捉序列数据中的依赖关系，并通过多层的变换来提取特征，这些特征最终用于执行如翻译、文本生成或其他 NLP 任务。

总的来说，尽管 Transformer 模型并非直接基于物理学原理，其设计中的某些思想与重整化群理论中的多尺度分析和信息重整化有着隐喻性的联系。这种联系为我们提供了一种思考模型工作原理的新视角，并可能激发未来在深度学习和物理学之间交叉应用的新思路。贝叶斯重整化理论及其在图像处理和自然语言处理中的应用，为我们提供了一种全新的视角，以理解和处理数据科学中的问题。通过这种方法，我们可以在不确定性和复杂性中寻找规律，优化决策过程，并推动 AI 向更高级别的认知和决策能力发展。随着数据科学的不断进步，贝叶斯重整化理论的应用前景将更加广阔。

在 AI 的研究和实践中，理论与实验之间的关系是相辅相成的。理论的深化为我们提供了更深层次的认识，帮助我们解释和预测实验现象，而实验的发现则验证了理论的预测，并为理论的发展提供了新的视角和数据。这种理论与实践的动态互动是推动 AI 领域不断进步的关键动力。

图像处理的深层过程、Transformer 模型的广泛应用、最优输运问题以及变分问题都是通用人工智能领域的核心研究方向。虽然这些主题对于非专业人士来说可能显得有些晦涩，但通过逐步引入必要的理论知识，我们可以将这些复杂的概念转化为更加易于理解的语言。这样的努力不仅能够为学术界提供交流的平台，也能够向公众普及 AI 的前沿进展，从而激发更广泛的思考和讨论。

在探讨通用人工智能的挑战和可能的解决方案时，理解大模型的数学物理框架是一个关键的步骤。在这个框架中，我们首先构建了一个外部世界的模型，尽管可能不完全理解其内部机制，但我们知道它不断地产生着信息。通过观察和训练，我们能够捕获这些信息，并用其来训练大型语言模型。这个训练过程本质上是将外部世界的信息——无论是文本，还是多模态的语料——输入到模型中。

在预训练阶段，大型模型通过一种类似重整化群流的方法，从不同尺度上提炼和整合语料中的信息。这个过程从微观的细节开始，过渡到更宏观的视角，最终构建出一个完整的信息框架。在每一步的信息提炼中，模型都遵循着最优输运的原则，即以最小的自由能损失将信息从微观尺度传递到宏观尺度。通过这种方法，大模型不仅能够高效地处理海量数据，还能够深入地理解和提取有价值的信息，将这些信息编码为高维语言空间中的参数。这种对信息的最优管理和输运揭示了大型模型在处理复杂数据时的强大能力。它不仅体现了模型在提取和整合信息方面的高效性，也展示了其在理解、学习和预测方面的深刻洞察力。随着对这些模型的理解不断加深，我们将能够更好地应对 AGI 领域的挑战，并探索出更多创新的解决方案。

我们可以看到，在 AI 的发展实践中，大型模型的智能表现尤为引人瞩目。这些模型通过学习和理解各种类型的信息，构建起对世界的多维度认知。这种认知不仅限于文本，还包括图像、音频和视频等多种形式的信息。在预训练阶段，大型模型能够提取出这些信息的关键特征，并将它们以参数的形式嵌入高维的语言空间中。这一过程实际上是一种高效的信息压缩和提取，它能够将海量的信息通过最优的方式压缩并保留关键特征，使得信息的利用更为高效。

此外，大型模型的自适应能力同样令人印象深刻。它们通过不断学习和调整，逐渐适应各种类型的信息，提高处理和理解信息的能力。这种能力使得大型模型在不同的应用场景中都表现出色。当模型训练到一定程度时，会发生所谓的相变，进入一个新的相空间，形成对某一领域范畴的深入理解。这个内部的世界模型是我们通过语料学习后的结果，它最接近我们观察到的世界。

面对新的外部输入如提示词，大型模型会将其作为一个限定条件，在内部找到一个局部的子空间进行推理。这个推理过程实际上是在子空间中进行采样，然后通过变分推断不断优化，使得模型的概率分布与提示词产生的信息源的概率分布越来越接近。最终，大型模型会找到一个最佳的采样出来的概率分布，作为对外输出的预测。这个过程不仅展示了大型模型在处理复杂信息时的能力，也体现了它在面对新输入信息时的灵活性和自适应能力。

在学习过程中，大型模型在高维语言空间中的信息组织方式尤为关键。在这个空间中，每个词汇或表达式都是一个节点，节点之间的连接表示了它们之间的概率关系。然而，模型的发展并非线性，而是在某个临界点发生相变，进入一个新的相空间，构建起对某一领域的深入理解。对于新的外部输入，大型模型能够快速调整策略，进行有效的推理和预测，展现出其在处理和理解信息时的核心机制。

通过自回归预测和变分推断，大型模型能够从海量的语料中学习和提取信息，建立起对世界的认知。这种认知不仅限于对各种形式的信息的理解，还包括对复杂关系和结构的理解。大型模型的这种能力，使其在处理各种复杂问题时具有优秀的表现。同时，由于其自适应能力，大型模型还能够在面对新的外部输入时，快速调整策略和方法，以适应新的需求和情况。这些特性不仅体现了大型模型的强大性能，也为我们提供了深入理解和应用AI的新视角。

深入探究大型AI模型的学习机制，我们逐渐揭示了支撑其智能行为的核心理论基础，这些理论已在学术界得到了广泛而深入的研究。特别是随机图理论，为我们理解大模型的学习过程提供了重要的视角。随机图由随机分布的节点和边组成，早期研究将所有节点视为等同，节点间的连接概率也相同。经过进一步研究，学者发现，随着节点间连接的增加，随机图中会出现大尺度结构，直至形成一个全连接的网络，其中任何节点间都至少存在一条路径。这种从线性增长到指数增长的转变，即所谓的相变，是随机图连通性的关键特征。

在大型模型的训练中，随机图理论的应用尤为重要。模型中，每个词汇或表达式都可视为一个节点，节点间的连接则代表词汇间的概率关系。随着训练深入开展，这些连接逐渐增多，形成一个复杂的非同质随机图。当图的规模扩大到一定程度时会发生相变，形成一个高度结构化的知识体系。在这个体系中，不同领域的知识被有效组织，形成各自的范畴。当模型需要在特定范畴内进行推理时，它会在相应的子空间内通过采样和变分推断找到最优概率分布，并将其作为预测输出的基础。这一过程不仅展示了大模型在信息处理和理解上的卓越能力，也体现了其在面对新输入信息时的灵活性和适应性，使模型能够在多种复杂问题处理上表现出色，并能迅速调整策略以适应新的需求。

本章阐释了大型模型的数学物理框架，以及其在信息处理上的能力，这些都建立在重整化群流、最优输运、自由能损失最小等理论基础之上。尽管读懂这些理论对普通读者而言可能颇具挑战，但它们对于深入理解大模型的工作机制和大模型处理复杂信息的能力至关重要。通过这些理论，我们能够洞察大模型如何从海量数据中提取知识，构建起对世界的深层次理解，并在不断变化的环境中做出智能的决策。这些理论的探讨和应用，不仅推动了 AI 领域的发展，也为未来技术的进步奠定了坚实基础。

第七章

自然智能与人工智能原理探索

第一节　自由能原理：强化学习的灯塔

　　自由能原理与强化学习的紧密联系，为我们理解复杂系统的建模和调控提供了重要的理论指导。在强化学习领域，智能体通过与环境的交互来习得如何采取行动以最大化长期奖励，这与自由能原理中最小化系统不确定性的理念不谋而合。自由能是源于物理学的概念，在信息理论和统计学中也占有一席之地。在 AI 中，自由能描述了系统状态的不确定性，即系统可能状态的数量，这直接关联强化学习中的探索与利用问题，也就是探究如何在未知领域和已知信息之间找到平衡点。通过优化自由能，智能体能够实现对系统状态的准确预测，这是强化学习追求的核心目标。

　　作为一种无监督学习方法，强化学习在具身智能中得到了广泛应用。具身智能强调智能体的物理存在和与环境的互动，这与强化学习的核心思想高度一致。自由能理论也适用于解释具身智能的行为，为阐释和预测智能体的自适应行为提供了一个理论框架。通过优化自由能，智能体能够最大化其生存和繁衍的概率，这正是具身智能所追求的目标。

自由能、强化学习和具身智能三者之间互为补充、相互促进。自由能为强化学习和具身智能提供了理论基础，强化学习为具身智能的实现提供了方法论，而具身智能则为自由能和强化学习提供了丰富的应用场景。

为进一步探讨智能的本质，我们不得不提及人类大脑这一极端复杂的系统。大脑由近一千亿个神经元和一百万亿个神经元连接构成，是人类意识、感知、决策和行动的中心。理解大脑产生思维和行动的原理是多个学科共同研究的课题。近年来，预测编码理论逐渐成为学界广泛接受的观点，该理论认为大脑通过预测机制来认知世界，强调预测是大脑的核心功能。这一理论观点激发了贝叶斯大脑理论、预测加工理论等一系列相关研究，为我们深入理解智能行为提供了新的视角。

综上所述，自由能原理、强化学习和具身智能之间的相互作用，以及大脑的预测编码理论，共同构成了我们对智能系统如何工作的理解。这些理论不仅为设计智能系统提供了理论基础，也为探索智能的本质提供了宝贵的科学洞见。随着研究的深入，我们有望揭开智能行为背后的深层机制，推动 AI 向更高级别的认知和决策能力发展。

在 AI 的广阔领域中，预测不仅是构成智能的核心要素，更是架设在自然智能与 AI 之间的桥梁。作为视觉领域的一大突破，

OpenAI 开发的 Sora 模型，与 ChatGPT 这样的大型语言模型一样，将预测作为其核心机制。ChatGPT 通过 Transformer 结构来预测下一个词语的概率分布，而 Sora 模型则将视频视为时空的三维数据，通过在低维表征上进行预测，以恢复原始清晰的图像块。这些先进的系统不仅展示了预测在自然智能中的重要性，也彰显了它在 AI 系统中的核心作用。我们来分析一下 Sora 模型的原理。作为 OpenAI 在视频生成领域的最新突破，Sora 模型采用了多种技术策略以确保其生成的视频内容与现实世界的物理规律相符合，从而创造出具有高度真实感的视频体验。这些策略的综合应用体现了 Sora 模型在模拟现实世界物理行为方面的先进性和深度。

首先，Sora 模型可能会集成物理引擎，这些引擎基于现实世界的物理定律设计，能够模拟重力、碰撞和材质相互作用等物理行为。通过这种方式，Sora 模型能够确保视频中的物体运动和交互遵循现实世界的物理规律。

其次，Sora 模型通过精确的三维空间建模，生成在空间中连贯运动的对象。这不仅涉及相机运动和物体移动，还包括场景变化，确保了视频中的每一个元素都遵循三维空间的几何和物理特性。

此外，Sora 模型通过模拟视频中的长期和短期依赖关系，确保物体的运动和行为在时间上具有逻辑性和连贯性。这包括对物体的速度、加速度和轨迹等物理属性的精确模拟。

Sora 模型使用的扩散型变换器架构，能够处理高维数据，捕捉视频中的细节和复杂性，从而生成在视觉上和物理上都符合现实世界规律的视频内容。这一架构设计，使得 Sora 模型在处理视频信息时更为灵活和高效。

在训练过程中，Sora 模型涉及大量的现实世界视频数据，通过学习这些数据，模型能够捕捉现实世界物体和场景的常见模式和行为。此外，Sora 模型在生成视频内容时，可能会采取特定的控制和约束措施，如速度和加速度的限制、碰撞检测和反应等，以确保生成的视频符合物理规律。

Sora 模型还可能通过反馈机制进行迭代优化，根据生成的视频与物理规律的符合程度进行调整，以改进未来的生成结果。同时，Sora 模型可能采用多模态学习方法，结合视觉信息和其他模态（如文本或音频）提高生成内容的物理一致性。

最后，Sora 模型可能会利用内置的知识库或先验信息指导视频内容的生成，确保生成的视频内容符合现实世界的常识和物理规律。这种知识库的集成，为 Sora 模型提供了一个丰富的参考框架，使其在生成视频时能够更加精准地模拟现实世界。

综上所述，通过综合应用这些技术和策略，Sora 模型不仅在技术上实现了创新，在模拟现实世界物理规律方面也达到了新的高度，为视频生成领域带来了革命性的进步。

实验研究已经证明，这种理论模型能够很好地解释一些实际的大脑认知实验。例如，通过模拟多层级的生成模型，研究者能够解释大脑如何通过观测数据学习。此外，当被试反复接触同样的视觉刺激时，预测误差会逐渐减小，这与自由能原理的预测相吻合。这些发现不仅证实了自由能原理的预测加工模型，也为我们理解大脑如何处理视觉信息提供了新的视角。在人脸识别等视觉加工的实际应用中，我们观察到被试在首次看到陌生人脸时，脑区活动反应较强烈，而随着同一张人脸的重复呈现，被试的脑区活动反应减弱。这是因为高层信念已经进行了学习，预测变得更准确，预测误差因此降低。这一实验结果与自由能原理的预测相符，为我们提供了理解大脑如何通过减少预测误差来优化认知过程的线索。

自由能原理的应用不仅限于对大脑的理解，还为提升 AI 性能，尤其是提升视觉识别和处理能力方面，提供了新的研究方向。这一理论模型为我们理解大脑的工作原理，特别是大脑如何进行预测和处理预测误差，提供了新的视角，推动我们对智能本质的深入探索。通过结合扩展模型和大语言模型，我们可以期待在 AI 领域实现更高效、更准确的预测和信息处理，从而推动智能系统向更高级别的认知和决策能力发展。

在 2024 年达沃斯论坛上，两位科学巨擘——神经科学家卡尔·弗里斯顿和图灵奖得主杨立昆，就深度学习和 AI 的未来展开了一场精彩绝伦的对话。他们以深度学习的局限性为出发点，深入探讨了 AI 的现状和未来，尤其是具身智能和通用人工智能的发展趋势。在交流中，他们达成了共识，同时也提出了一些值得进一步探讨的问题。

首先，他们一致认为，尽管深度学习在数据处理方面取得了显著成就，但其在训练效率上仍存在局限。杨立昆以四岁儿童的认知发展为例，指出深度学习算法处理的数据量远不及儿童在四年内通过多种感官获取的信息量。人类从出生起就能持续接收和处理视觉、听觉、语言和触觉等多种感知信息，从而形成对世界的认知。相比之下，现有的深度学习算法在这方面的表现尚显局限。

其次，两位科学家都强调了世界模型对于智能体理解世界的重要性。弗里斯顿特别提到，他所研究的似然智能理论，虽然是针对似然智能的普世性理论，但与 AI 领域也有着深刻的联系。他认为，世界模型作为一种对世界运行机制的理解和描述，对于生物智能、似然智能和 AI 都至关重要。

在讨论中，能源效率问题也成为焦点。当前的大型语言模型需要处理大量参数和数据，对能耗和硬件设备的需求极高。因此，他们认为这样的算法并非通向通用人工智能的最佳路径。在解决这一问题上，杨立昆和弗里斯顿的观点存在差异。杨立昆认为，尽管深度学习有缺陷，但目前尚未发现更优的算法或替代品；而弗里斯顿则对深度学习持保留态度，他推崇自由能原理，认为这是一种更高效、更接近生物智能实现的方式。

自由能原理虽然起源于神经科学和统计物理，但与机器学习有着密切的联系。在机器学习中，自由能量等价于负证据下界，可以视为贝叶斯统计学的一个重要分支。这一原理在 AI 应用中，如自动驾驶，具有重要意义。自动驾驶技术中，感知和行动的统一是一个关键问题。智能体与环境的互动是双向的，感知和行动紧密耦合，而非独立。端到端的方法和模块化的方法都有其局限性，而统一感知和行动可能是实现更高效 AI 的有效途径。然而，这并不意味着统一感知和行动是 AI 发展的唯一方向。从动力系统的角度看，生物系统或活动系统通过行动维持存在，感知则依赖对环境的识别。系统通过感知获取环境信息，然后通过行动应对环境变化，以保证生存。因此，感知和行动的统一是系统与环境复杂互动的自然结果。

在自然智能和 AI 的对比分析中，我们可以看到，尽管 AI 在模拟人类认知和行为方面取得了巨大进步，但它仍然面临着理解复杂环境和进行高效决策的挑战。自然智能的复杂性和灵活性，为我们提供了宝贵的启示，指导我们在 AI 领域的研究和应用。通过深入理解自然智能的机制，我们可以更好地设计和优化 AI 系统，使其更加智能、高效。同时，我们也必须认识到，AI 的发展不应局限于模仿自然智能，而应探索新的理论和方法，以实现超越自然智能的潜力和应用。

除此之外，在探索智能体如何与世界互动的学术旅程中，贝叶斯定理路径的理论基础与 19 世纪赫尔曼·冯·亥姆霍兹（Hermann von Helmholtz）的亥姆霍兹自由能概念紧密相连。亥姆霍兹将感知视为一个统计推断问题，认为人类的感知系统本质上是一个统计推断引擎，其任务是根据感官输入推断其背后的原因。这一理念在 1994 年辛顿及其合作者的论文《亥姆霍兹机器》中得到进一步发展，他们首次将统计学中的自由能概念应用于统计推断问题。

主动推断理论在此基础上构建了感知和行动的统一框架。在这一理论中，感知被视为智能体信念的调整过程，以匹配世界的真实状态；而行动则是通过改变世界来满足智能体的偏好。通过最小化智能体信念与世界状态之间的误差，感知和行动实现了和谐统一。

这一理论并非全新创见，而是对先前思想的整合与归纳，其普世性和整合性为我们理解智能体的交互过程提供了新的视角。贝叶斯推断和自由能原理在具身智能和通用人工智能的研究中扮演着至关重要的角色。它们不仅为学术研究提供了显著价值，也指引了产业界的研究方向。具身智能的研究需要我们深入理解智能体如何通过感知和行动与环境互动，而主动推断理论则提供了全新的视角。同样，通用人工智能的研究需要理解智能体如何根据其信念和偏好影响世界以实现目标，主动推断理论同样提供了新的视角，帮助我们深入理解智能体的交互机制，并设计出更优秀的系统。

在贝叶斯推断中，我们通过定义不同原因的能量，并利用全概率公式，计算出这些原因的概率。这一过程中，我们引入了变分分布 q，将最大似然问题转化为自由能的优化问题，其中自由能被视为证据上界，即负证据上界。这一概念在弗里斯顿的自由能原理中得到应用，为我们提供了一个全局能量和熵的概念，与亥姆霍兹自由能相似。为了更直观地理解贝叶斯推断，我们可以通过一个简单的视觉实验来阐释。例如，观察一张调色盘的图片，我们的大脑会根据阴影的位置，通过贝叶斯推断来推测物体的形状。这种后验估计反映了我们如何根据观测数据来推断背后的原因。在主动推断理论中，大脑被视为一个概率机器，它通过解释感官数据理解世界，并利用先验信息进行预测。然后，根据预测与观察之间的误差来更新假设，这个过程通过最小化自由能或"惊奇"来优化感知和行动。这种理论框架不仅帮助我们理解感知和行动的统一，还为设计更高效的具身智能和通用人工智能系统提供了理论指导。

在具身智能和通用人工智能的研究中，生成模型是关键概念，它代表了我们对世界的建模和理解。在仅考虑感知的情况下，生成模型描述了世界的真实状态与观测之间的联合概率分布。当行动被纳入考虑时，行动策略作为变量被纳入生成模型，形成了规划过程的生成模型。贝叶斯推断面临的挑战之一是求解边际概率分布，这通常涉及难以处理的积分问题。为了克服这一难题，我们采用了近似贝叶斯推断或变分贝叶斯推断的方法，寻找一个近似的后验分布，尽可能接近真实的后验分布。这一过程体现了大脑如何通过最小化自由能来优化感知和行动，为我们提供了一个全新的理论框架，以理解智能体如何与世界互动，并指导我们设计出更先进的具身智能和通用人工智能系统。

总的来说，贝叶斯推断和自由能原理为我们理解和设计具身智能和通用人工智能提供了一个新的理论框架，使我们能够从一个新的角度来理解智能体如何通过感知和行动与世界进行交互。这个框架不仅具有重要的学术研究价值，同时对于产业界的研究和开发工作也具有重要的指导意义。

第二节 感知与行动的和谐统一

在 AI 的广阔研究领域中，自由能原理、感知与行动的统一以及贝叶斯视角等概念交织成一幅丰富而复杂的理论图景，为我们理解智能体如何与世界互动提供了深刻的洞见。

自由能原理，起源于神经科学和统计物理等广泛科学领域，其在 AI 领域的应用前景引人注目。该原理主张，任何处于非平衡稳态的自组织系统，为了维持其存在，都必须将其自由能降至最低。这一原理与物理中的哈密顿最小作用原理相呼应，均从全局优化的角度审视系统的演化。在此框架下，智能体的行动不是简单追求执行特定目标，而是基于自由能最小化原则进行的推断过程。

感知与行动的统一性原理，建立在贝叶斯视角的理论基础之上，并由此形成了一种名为主动推断的统一框架。在这个框架中，感知被视为通过观测推断世界真实状态的过程，而行动决策则是一种在已知偏好下进行的推断，旨在选择最有可能的行动方案。这一理论将感知、学习和决策融为一体，强调了它们之间的内在联系和相互依赖。

预测加工理论作为这一理论框架的延伸，关注大脑如何通过最小化预测误差来执行感知和行动。在这一理论下，大脑的感知和行动过程被看作一种不断预测和修正的过程，目标是实现预测与实际观测之间的最小差异，体现了自由能原理在脑与认知科学领域的应用。

此外，感知行动的统一性原理在认知科学和 AI 领域中占据重要地位。它突破了传统的"感知—思考—行动"的线性框架，强调了感知和行动之间的紧密相互作用和统一性。具体而言，感知不再是一个被动的接收过程，而是通过行动与环境进行积极互动，获取更丰富和有效的信息的过程。行动也不是单纯基于感知信息的反应，而是根据环境变化动态调整的过程。在这种动态的感知—行动循环中，感知引导行动，而行动又反过来塑造感知，形成一个持续的、实时的循环，使智能体能够适应环境的不断变化。

感知和行动的统一性还可以被理解为：在某些情境下，感知和行动可视为同一过程的不同方面。例如，在运动感知中，我们的行动不仅影响感知，而且在某种程度上，感知和行动是不可分割的——感知即行动，行动即感知。

我们可以梳理相关研究材料来帮助读者更进一步理解这些理论。

在 AI 的学术探索中，自由能原理和贝叶斯视角的应用构成了一个多维度的理论体系，为我们提供了理解和设计智能系统的独特视角。由卡尔·弗里斯顿等科学家提出的自由能原理，是描述生物和人工系统自组织行为的理论基础。这一原理认为，系统通过调整内部状态以最小化自由能，从而减少对环境的不确定性，这对于构建能够自我调节和适应环境的智能体至关重要。在 AI 领域，智能体通过最小化预测误差来更好地理解和响应其环境，这与大卫·麦凯（David MacKay）在《信息论、推理与学习算法》（*Information Theory, Inference, and Learning Algorithms*）中探讨的信息论和学习算法紧密相关。

贝叶斯方法为智能体的感知和行动提供了一个统一的决策框

架。在这一框架下，感知被视为对环境状态的推断过程，而行动则是基于当前感知和先验知识进行的决策。这种方法凸显了先验知识和观测数据在形成后验信念中的重要性，与克里斯托弗·毕晓普（Christopher Bishop）在《模式识别与机器学习》（*Pattern Recognition and Machine Learning*）中讨论的模式识别和机器学习原理相辅相成。

预测加工理论与自由能原理的结合，为构建能够进行复杂决策和行动的 AI 系统提供了坚实的理论基础。彼得·达扬（Peter Dayan）和劳伦斯·艾博特（Laurence Abbott）在《理论神经科学》（*Theoretical Neuroscience: Computational and Mathematical Modeling of Neural Systems*）中提出，大脑通过预测和修正来减少预测误差，这一过程与自由能原理的目标一致——通过内部状态的调整来优化对环境的认知和响应。

感知与行动的统一性是认知科学和 AI 中的核心概念，它强调了感知和行动不是分离的过程，而是相互依赖、共同构成智能体与环境互动的基石。约里斯·莫伊（Joris Mooij）、乔纳森·申菲尔德（Jonathan Schönfeld）和约书亚·特南鲍姆（Joshua Tenenbaum）的研究展示了分布式概率模型在模拟人类认知过程中的应用，为我们理解感知和行动的统一性提供了新的视角。

贝叶斯方法在 AI 设计中的应用，为智能体提供了在不确定性下进行推理和决策的强大工具。利用高斯过程等贝叶斯非参数方法，如卡尔·爱德华·拉斯穆森（Carl Edward Rasmussen）和克里斯托弗·威廉姆斯（Christopher Williams）在《机器学习的高斯过程》（*Gaussian Processes for Machine Learning*）中所介绍的，智能体能够更有效地处理复杂的非线性决策问题。

展望未来，研究的方向可能会聚焦于如何将自由能原理和贝叶斯视角更深入地整合到 AI 系统中，以及如何应用这些理论解决实际问题，如自适应控制、机器人导航、自然语言处理等。同时，研究者也可能会探索如何开发更节能、更高效的算法，以及如何模仿生物大脑的处理机制来设计新型的计算架构。这些研究不仅将推动 AI 技术的发展，也可能为我们理解自然智能提供新的洞见。

这些理论的融合为我们提供了一个全新的视角，以理解智能体如何在复杂环境中通过感知和行动与世界进行交互。它们不仅在学术研究中具有重要价值，也为产业界的研究和开发活动指明了方向，特别是在设计和开发更高级的具身智能和通用人工智能系统方面。通过这些理论工具，我们能够更深入地洞察智能体的决策过程，以及它们如何通过不断学习和适应来优化与环境的互动。

在探索通用人工智能和具身智能的发展趋势中，主动推断理论扮演着一个至关重要的角色。该理论将感知和行动统一为一个基于推断的过程，其核心目标是最小化智能体的信念与现实世界之间的差异。这一理论的根源可以追溯到统计物理学中的自由能概念，但在主动推断理论中，自由能得到了一种新的概率化诠释，而非其原始的物理定义。这种定义方式的核心在于解答一个根本性问题：为何我们需要自由能这一概念？

　　主动推断理论的推导可以从两个路径进行：贝叶斯定理和自由能原理。这两条路径不仅都能导出主动推断理论，其概念也是高度耦合的。在贝叶斯定理路径中，生成模型扮演着核心角色，它代表了我们对世界的建模，即我们对世界的理解。基于此，我们可以将感知视为一个推断过程，并将规划视为推断过程的延伸。而在自由能原理路径中，我们从自组织系统的动力学角度出发，通过马尔可夫毯的概念，将生物的感知和行动视为系统状态的一部分，从而引出主动推断的概念。

　　在主动推断理论的框架下，期望自由能的概念扮演着核心角色，它不仅体现了自由能原理的基本形式，还揭示了智能体如何在不确定性中做出决策。期望自由能可以分解为期望能量和熵，这两项分别关联着智能体对环境状态的预测准确性和模型复杂度。期望自由能转化为信息增益和偏好值，其中信息增益反映了观测特定变量后对状态不确定性的降低，而偏好值则体现了智能体对未来状态或轨迹的内在偏好。这种偏好与强化学习中的累计奖励类似，但在自由能原理中，我们更关注在给定期望轨迹或状态的情况下，智能体应如何行动。这种偏好是智能体内在的，类似生物体的基因型，决定了个体的行为倾向。

　　在具身智能和通用人工智能的发展趋势中，循环状态空间模型（RSSM）构成了学习世界模型的关键基础。这些模型的基本结构通常包含自编码器，将原始图像信息编码为隐状态，再通过解码器转换为微观状态，以学习重构误差。在此过程中，隐状态层面上的最小化和先验之间的关系与自由能原理紧密相连。世

界模型的概念，由于尔根·施密德胡伯（Jürgen Schmidhuber）在
2018 年发表的文章《循环世界模型促进策略演变》（*Recurrent World
Models Facilitate Policy Evolution*）中提出，此概念包含现代世界
模型的重要组件，如视觉模型、Memory RNN 和控制器。这些组
件协同工作，负责观测信息的表征、状态的推测和动作的选择或
规划。

在强化学习中，除了利用模型最大化奖励，探索过程同样重
要，因为数据通常需要通过与环境的交互来收集。探索过程中，
不确定性的评估成为关键，它分为感知不确定性和偶然不确定
性——前者可通过探索消除，而后者则需适应。探索方法包括最
小化预测误差、探索新奇状态和使用信息增益。自由能原理中，
期望自由能的拆分与信息增益的探索紧密相关，指导智能体选择
能带来最多信息的动作。

自由能原理提供了一个统一的框架，将感知的预测准确性和
复杂度、行动的目标偏好和信息增益统一起来。在期望自由能的
背景下，它统一了强化学习中的探索和利用两个方面。去除某些
部分，如偏好值，它可以等价于信息最大化原理，或者强化学习
中的探索，抑或包括内在动机的探索，以及最优贝叶斯实验设计
等。这些理论的发展，特别是 RSSM 及其改进版本的提出，为我
们理解和发展具身智能和通用人工智能提供了重要的理论基础，
使我们能够从原始观测信号中提取出更低维的状态表征，并在此
基础上建立动力学模型。通过这些模型的改进，尤其是在状态空
间的表征和处理不确定性方面的改进，我们获得了处理复杂实际

问题的有效工具。在游戏和现实机器人等领域的应用，更是为我们验证和优化模型提供了实践平台。

第三节　自然智能与人工智能的协奏曲

自然智能与 AI 之间的联系是深刻且相互促进的。自然智能，即人类和动物所展现的认知、感知、学习与适应等能力，构成了智能行为的基础；而作为人类智慧的结晶，AI 旨在模拟、增强乃至超越自然智能的界限。AI 的发展历史在很大程度上是对自然智能的模仿与学习的过程。例如，神经网络算法的设计灵感源于人脑神经元的工作原理，而遗传算法则借鉴了自然选择和遗传机制的优化策略。AI 不仅模仿自然智能，还能作为工具辅助和增强人类的认知与感知能力，帮助处理海量数据，解决复杂问题。

进一步而言，AI 的设计与实现过程，为我们深入理解自然智能提供了新的视角。通过构建和训练神经网络，我们得以洞察神经元如何处理信息、学习与记忆的机制如何实现。在某些特定领域，如棋类游戏或识别任务，AI 甚至已经超越了人类的表现，并在未来可能在更多工作领域中发挥替代作用。自由能理论为理解自然智能提供了一种新颖的视角，它将智能体的行为视为一个优化自由能的过程，即通过感知和行动减少系统不确定性并提升预测准确性的过程。这一理论不仅加深了我们对自然智能的理解，也为 AI 的设计提供了新的方法论。通过模拟自然智能优化自由能的机制，可以设计出能够自适应环境、进行学习和决策的 AI 系统。同时，AI 的设计与实现反过来促进了我们对自然智能和自由能概念的理解。通过构建和训练 AI 系统，我们能够更深入地探究自然智能是如何通过优化自由能来指导行为，以及自由能如何影响智能体的行为模式。这种双向的促进关系，不仅推动了 AI 技术的创新与发展，也加深了我们对自然智能本质的认识。

从宏观的视角审视，自由能原理在生物系统和非平衡稳态的自组织系统中扮演着至关重要的角色。生物体为了保持其稳定性，必须维持在某种动态平衡之中，例如鱼儿离不开水，人类需要维持体温的恒定。这些生命体的行为，无论是游动、穿衣还是调节室内温度，本质上都是在进行自由能的最小化，以保持生命过程的有序性。

自由能原理与最小作用量原理相辅相成，构成了一种普遍适用的规律。在这一框架下，马尔可夫毯作为一个核心概念，将智能体的内部状态与外部环境状态进行了区分。智能体通过与环境的互动，从外部获取感知信息并执行动作，这些互动构成了马尔可夫状态。在马尔可夫毯的界定下，内部状态和外部状态在统计上呈现出条件独立性，使得智能体能够与环境区分开来。卡尔·弗里斯顿在其对自由能原理的研究中，利用马尔可夫毯的概念，通过层层包裹的方式构建了一个多尺度的世界模型，用以解释复杂的物理现象。这种从高层次视角出发，通过最小化自由能来描述世界的方法，不仅在生物学和 AI 领域产生了深远的影响，而且为具身智能的发展奠定了理论基础。

自由能原理在解释生物系统存在的意义上同样具有重要作用。生物系统本质上是一个逆熵过程，即系统的熵并非无序发散，而是趋向于更有序的状态。若系统熵值无限制增加，生物系统将无法维持而走向消亡。因此，构建一个理论模型以阐释生物系统如何持续存在，成了一个重要课题。自由能原理提供了这样的工具：将生物系统视为一个随机动力系统，由外部环境状态和内部感知与行动状态组成。为了维持生物系统的存在，必须存在一种从外部状态到内部状态的映射机制，以确保外部状态的熵尽可能低——这一过程即感知。为了实现熵的最小化，引入了生成模型，并定义了自由能的形式。自由能原理揭示了自由能与系统熵之间的联系，指出当系统内部状态能够最小化自由能时，该系统便能够维持低熵状态，从而保持生命的存在和有序性。

通过这些理论的深入研究和应用，我们能够更全面地理解生物体如何通过行为和内部调节机制来维持生命的稳定性，同时也为设计能够模拟这些自然过程的 AI 系统提供了理论指导。自由能原理不仅为我们提供了一种理解生命和智能的全新视角，也为未来 AI 的发展方向和应用场景开拓了新的可能性。

在探索万物理论的过程中，2019 年的一篇论文《一种特定物理学的自由能原理》（*A Free Energy Principle for a Particular Physics*）引起了广泛的关注。该论文以自由能原理为基础，提出了针对特定物理学的新理论。这一理论试图通过马尔可夫毯，为不同尺度的事物提供统一的描述。在这篇论文中，四种尺度的事物被定义出来，分别是小物体（由量子力学研究）、大量小物体的集合（由统计物理学研究）、更大的事物（由经典力学研究），以及具有感知和行动能力的主动物体。为了更好地描述主动物体，该论文提出了贝叶斯力学的概念，并证明了这一理论与前述三种物理学理论的兼容性。这也就形成了一个从微观到宏观的统一理论框架。在实践层面，作者提出并实现了人造汤实验，以验证这个理论。在实验中，构建了由 128 个小物体组成的系统，这些小物体由三种状态（感知状态、行动状态和内部状态）构成，并通过电化学机制和牛顿力学机制来定义这些小物体之间的相互作用。因此，通过对小物体的动力学演化的观察，可以观察到系统最终形成稳定的状态，并自然地将系统划分为四种状态：内部状态、外部状态、行动状态和观测状态。这个实验证明我们可以从微观层面理解并预测宏观层面的现象。

此外，作者还提出了马尔可夫分割算法，以实现对小物体的分组和状态的约简。首先，通过挑选内部状态，识别内部状态所对应的马尔可夫毯，来完成状态的分组。然后，通过将原始的状态空间约简，生成新的更大尺度的环境。在这个过程中，微观过程的雅可比矩阵的大特征值被选为新的状态，而小特征值被视为扰动。因此，我们就可以从微观层面理解并预测宏观层面的现象。

在探讨认知科学的深层次理论时，不得不提预测加工理论（Predictive Processing Theory）。这个理论可以被视为自由能原理在脑与认知领域的一种具体应用，它着重探讨大脑如何通过预测来完成对世界的认知和行动。在这个理论中，一个核心的概念是大脑通过自下而上的误差传播来更新高层信念，通过自上而下的预测和精度评估对世界进行推断，行动也被纳入其中，虽然在一般的理论图解中，行动并未被直接包含。

为深入了解预测加工理论，可以参考著名认知科学家和哲学家安迪·克拉克（Andy Clark）的作品《不确定性冲浪》（*Surfing Uncertainty*）。这本书详细描述了大量与大脑、认知科学、心理学相关的实验，并引用了弗里斯顿关于自由能原理的理论和相关文献。在书中，克拉克强调了预测加工理论与自由能原理的一致性，即浅层神经元负责传播预测误差，而深层神经元则负责进行预测。书中还揭示了不确定性和注意力之间的密切关系。

在预测加工理论中，除了预测和预测误差这两个核心概念，还有一个与注意力相关的重要概念。这个概念分为两个部分：一部分是注意力（attention）或精度（precision），另一部分是显著性（salience）。这两个部分是理解大脑如何处理信息的关键。在深度学习中，我们通常会将注意力理解为对历史序列的加权，这种加权是通过计算注意力系数来实现的。然而，在认知科学或神经科学领域，注意力的概念有所不同。它仍然是一种加权机制，但权重的来源是不确定性，而不是简单的历史序列。在此处，我们可以引用一个被称为"路灯效应"的例子来解释这一概念。路灯效应描述的是一个醉酒者在路边丢失钥匙，他更可能在路灯照亮的地方寻找钥匙，因为那里的感官信息更明确。这是感知加权的部分，我们的注意力更可能集中在那些能够提供更多确定性的信息上。同时，我们的行动也会被这种确定性引导，如果我们有能力采取行动，我们可能会选择打开手电筒照亮那些不确定的、黑暗的地方去找寻丢失的钥匙。这就是行动的部分：我们的行动倾向于寻求新的感知信息，以降低不确定性。

值得关注的是，这种注意力机制不仅涉及对当前数据的权重优化，还影响新感觉的获取。对此，我们可以从两个方面进行深入的理解和讨论。首先，注意力机制可以理解为一种权重分配过程。在这个过程中，预测误差会自下而上传播，更新我们的信念。在预测误差传播的过程中，注意力机制会作为一个权重，实现预测误差的加权。这个过程可以视为依赖数据的精度。如果我们对某个地方的信息不确定，那么这个地方的精度就会相对低；反之，如果我们对某个地方的信息非常确定，那么这个地方的精度就会相对高。其次，注意力机制还涉及新感觉的获取，这在学术界被称为显著性。显著性的概念在不同的领域有不同的解释：在强化学习中，我们可能称之为内在动机；在贝叶斯统计中，我们可能称之为贝叶斯惊讶；在自由能原理中，我们称之为期望自由能；在其他领域，我们也可能称之为内在价值。无论怎样称呼，显著性的本质都是在获取数据的过程中，这个数据能够带来多大的信息量，这将影响我们的行动。我们的行动一方面要最大化目标或符合偏好，另一方面也应该带来尽可能多的信息。这就像科学家做实验，选择能够带来更多信息量的实验进行。在这个过程中大脑就像科学家一样，在执行动作的过程中，会优先选择能够带来更多信息的动作，就像眼球运动的模式。

在弗里斯顿的研究中，他通过模拟实验深入探讨了人工系统的眼跳过程，揭示了具身智能发展中注意力机制的核心作用。该研究首先构建了一个系统，该系统对世界持有一种先验的信念，随后通过感知过程对这些信念进行验证，以确定其与现实世界的契合度。在这个过程中，显著性地图扮演了至关重要的角色，它量化了图像中各个区域的预测不确定性。根据显著性地图，系统能够识别出不确定性较高的区域，这些区域往往能提供更多的信息增益，因此成为注意力集中的目标。具身智能的本质在于模拟人类的感知和行动，通过观察和感知环境形成先验信念，并通过行动获取新信息来不断更新和优化这些信念。在这一过程中，注意力机制的作用不可或缺，它帮助系统选择最有价值的信息进行处理，从而优化信息处理过程，提高信息获取和处理的效率。

对于通用人工智能而言，注意力机制同样至关重要。通用人工智能旨在处理多样化的任务，而不同任务所需的关注点各不相同。注意力机制使得 AI 系统能够更加高效地获取和处理信息，从而更好地完成各项任务。因此，对注意力机制的深入研究，不仅是 AI 领域持续发展的重要组成部分，也是推动该领域进步的必要条件。此外，显著性概念在注意力机制中占有特别的位置。它涉及对特定信息优先级的判断，通常与信息的新颖性、意外性或与当前任务的相关性密切相关。例如，在一个寻找钥匙的场景中，路灯照亮的区域因其高度相关性而显得尤为显著。预测加工理论及其相关概念在具身智能和通用人工智能的研究中得到了广泛应用。具身智能强调智能体与物理世界的互动，这种互动中的预测和行动选择与预测加工理论的核心理念相契合。而在通用人工智能领域，预测加工理论提供了一种可能的模型，通过自下而上的误差反馈和自上而下的预测，促进了 AI 系统在与环境互动中的学习和进化。

　　在探索具身智能和通用人工智能的发展趋势时，强化学习世界模型的重要性不容忽视。该模型旨在从原始观测信号中提取出低维的状态表征，并在此基础上构建动力学模型。模型设计的选择多种多样，状态变量可以是高斯变量，也可以是类别变量。例如，在 Dreamer 模型中，将高斯隐变量转换为类别变量后，模型性能得到了显著提升。此外，如何将已知的先验信息建模，或通过与环境的交互学习先验信息，也是模型设计中的关键问题。不确定性的评估同样至关重要，不同的研究可能会采用不同的方法来评估这种不确定性，如通过精度评估，或通过建模如变分自编码器这样的模型来学习环境的不确定性。在这些模型中，通过学习高斯分布隐状态的均值和方差，可以对环境的不确定性进行描述。

　　大型 AI 模型的引入也为解决现实差距问题提供了新的视角。通过在模拟环境中进行大规模预训练，这些模型能够学习到更加通用和鲁棒的环境表征。当它们被部署到真实世界中时，即使面对未见过的环境变化，也能够通过迁移学习快速适应，从而缩小了模拟与现实之间的差距。此外，大型 AI 模型的计算资源需求虽然较高，但随着硬件技术的快速发展，特别是 GPU 和张量处理单元（TPU）等专用 AI 加速器的普及，这一问题得到了有效缓解。同时，研究者也在不断探索算法优化和模型压缩技术，以减少模型训练和部署的计算成本。在稀疏奖励问题上，大型 AI 模型展示了其独特的优势。通过在大规模数据集上进行预训练，这些模型能够学习到更为丰富和多样化的奖励模式。在面对稀疏奖励的任务时，它们能够利用这些预训练得到的模式，促进智能体的探索行为，加速学习过程。最后，大型 AI 模型的泛化能力也是其在世界模型设计中的重要优势。通过在多样化的任务和环境中进行训练，这些模型能够学习到更为通用的知识和技能。当它们被应用到新的环境和任务中时，能够快速适应并表现出良好的泛化性能。综上所述，大型 AI 模型的引入为强化学习世界模型的设计和应用带来了新的机遇。它们在提高模型的准确性、鲁棒性、样本效率、适应性和泛化能力等方面展示了巨大的潜力。随着技术的不断进步，我们有理由相信，这些模型将在未来的具身智能和通用智能的发展中发挥更加重要的作用。

综上所述，注意力机制、显著性概念、预测加工理论以及强化学习世界模型，共同构成了具身智能和通用人工智能研究的理论基础，为设计出更加智能、高效的 AI 系统提供了丰富的科学依据和技术支持。

第八章

智能的普适性与应用

第一节　多学科视角下的智能解读

在探索智能的奥秘时，我们必须首先对"智能"这一概念进行深入的理解和界定。智能，作为一个描述性而非严格定义的概念，代表的是一种独特的能力，这种能力是智能系统所特有的，而其他系统则不具备。智能现象的复杂性在于它的多样性，既包含普遍性也蕴含特殊性，使得智能的表现形式呈现出极其复杂的状态。在通用人工智能的研究中，重点可能不在于某一种特定的智能现象，而在于探索不同智能能力背后的元能力，即那些底层的、共性的规律，而非单一现象所遵循的规律或现象。

对于智能现象的本质，学术界存在三种不同的观点：第一种认为每种智能现象都遵循着不同的规律；第二种则认为所有智能现象背后都存在一个统一的原理；第三种则认为智能现象既有共性也有差异性，可以确定一些共性的规律，但不存在一个统治所有智能现象的单一原理。在界定智能系统时，我们面临着一系列挑战。自然系统中的成年人、大猩猩、狗等哺乳动物无疑都是智能系统。然而，当我们考虑更低级的生物，如鸟类、爬行动物、昆虫、草履虫、病毒，甚至单个蛋白分子时，智能的定义便变得模糊。同样，从人工系统的角度看，一根铁棍显然不是智能系统，但算盘、电脑中的计算器、工厂里的自动化流水线、人脸识别的门禁系统、扫地机器人、特斯拉的自动驾驶汽车、"阿尔法狗"（AlphaGo）、"阿尔法折叠"（AlphaFold）等，它们是否算作智能系统呢？

智能现象的表现形式是多种多样的。在自然系统中，它们可能包括视觉、听觉、触觉、嗅觉等感知能力，空间时间的认知能力，逻辑推理和决策制定能力，肢体运动和语言表达能力，学习和问题解决能力，甚至是内省和人际交往能力等。而从人工系统的角度看，智能现象可能包括逻辑运算、完成预设程序的任务、定位、路径规划、分类、检测、跟踪、分割、翻译、生成等能力，也可能涉及寻求最大奖励、进行问答、给出建议、规划复杂任务、绘图、编写代码等更高级的能力。

为了探究智能的原理，我们可以从三个方面进行：不同的粒度、不同的角度和不同的维度。在不同的粒度上，我们可以从微观到宏观，从单个神经元的工作机制，到大脑的整体结构和功能，再到人类社会的行为和互动，寻找智能的痕迹和规律。在不同的角度上，我们可以从生物学、心理学、语言学、哲学、计算机科学等学科，理解和解释智能的现象和原理。在不同的维度上，我们可以从知觉、认知、行动、学习、交流、情感等维度，描绘和探索智能的全貌和深度。

在深入探究智能的概念时，我们应当超越传统的数学或物理公式，转而从多学科的角度来理解这一复杂现象。智能现象的多样性和复杂性要求我们从不同的角度进行深入的思考和研究。历史上，众多杰出的科学家对智能的理解做出了贡献。艾伦·麦席森·图灵（Alan Mathison Turing）、约翰·冯·诺依曼（John von Neumann）、诺伯特·维纳（Norbert Wiener）等先驱在他们的研究中，为我们提供了多维度的智能认知框架。图灵提出的"图灵测试"挑战了我们对智能的传统认识，他通过这一测试提出了智能的一个关键要素——模仿人类行为的能力；冯·诺依曼则以其在计算机科学和神经网络领域的贡献，为我们理解智能的计算基础和结构提供了深刻的见解；维纳则从控制论的角度，探讨了智能与信息处理之间的关系，强调了反馈机制在智能行为中的重要性。智能现象的本质是多面的，它可能遵循不同的规律，也可能背后存在一个统一的原理，或者介于两者之间。智能现象既有共性也有差异性，这种特性要求我们在研究时既要寻找普遍性的规律，也要尊重个体和系统之间的差异。智能的表现形式多种多样，从自然系统的感知能力、认知能力、运动能力到人工系统的逻辑运算、任务执行、决策制定等，智能的范畴广泛而深远。在探索智能系统时，我们面临的挑战在于界定是什么构成了智能系统。自然系统中的哺乳动物无疑是智能的，但更低级的生物和非生物实体，如昆虫、病毒、蛋白分子，甚至人工制造的算盘、计算器、自动化流水线、门禁系统、机器人等，它们是否也应被视为智能系统？这些实体在执行任务、处理信息、适应环境方面的能力，是否达到了我们对智能的定义标准？智能现象的表现形式包括但不限于感知、认知、行动、学习、交流、情感等。这些能力在自然系统和人工系统中的体现各有不同，但它们共同构成了智能的丰富图景。为了全面理解智能，我们需要从生物学、心理学、语言学、哲学、计算机科学等学科的角度进行研究。每个学科都能为我们提供独特的视角和工具，帮助我们更深入地理解智能的本质。在不同的粒度层面，智能的探索可以从微观的神经元活动到宏观的社会组织行为，从个体的感知决策到群体的互动模式。这种多层次、多角度的研究方法有助于我们构建一个更为全面和细致的智能理论框架。

在对智能现象的深入探索中，智能的复杂性和多维性要求我们采用一种整合性的视角。人脑的功能在不同结构层次上展开，从情感过程的神经元活动到记忆过程的大脑皮层区域，每一个层面都承载着智能的独特表现。智能的这种多层次性提示我们，理解智能需要跨越从生物学的微观机制到社会科学的宏观分析的广泛领域。

在生物学层面，智能现象可以通过原子、分子、DNA、蛋白质、突触连接、神经细胞、神经集团等不同层次进行解析。而在认知科学的领域，功能小柱、跨区域的皮层、大脑结构等概念为我们提供了认知功能和行为的更深层次理解。心理学、社会学和哲学等学科则从行为和意识的角度，为我们理解智能提供了丰富的理论资源。AI 的研究同样呈现出多层次性，从物理硬件的纯硅片、芯片、传感器到软件架构、程序框架，再到算法层面的变量和基本逻辑，每一个层次都是智能系统不可或缺的组成部分。在信息层面，智能现象的解析涵盖了从数据的采集、处理到知识的提取和应用的全过程。

智能现象的理解还可以从多个角度进行，包括但不限于雷达激光、光学信号处理、控制理论、机器人技术、神经网络、计算机科学、语言和图像理解、推理和计划、问题解决等领域。数学领域中的博弈论、运筹学、统计优化等方法，为我们提供了量化和模型化智能现象的工具。

在 AI 的理论框架中，连接主义、符号主义和行为主义三大理论为我们提供了不同的视角。连接主义通过模拟神经元网络的连接模式，强调了智能的分布式处理特性。符号主义则侧重知识的符号化表示和基于规则的推理过程，在处理需要明确逻辑和推理的任务中显示出独特的优势。行为主义则关注智能体与环境的交互，通过强化学习等方法优化智能体的行为策略。每种理论都有其代表性的研究成果和技术思想，它们不仅推动了 AI 的科学进步，也深化了我们对智能本质的认识。

连接主义：又称为神经网络理论，其核心在于模拟人脑神经元的连接模式来处理信息。连接主义的代表性成果之一是卷积神经网络，它在图像识别和处理领域取得了革命性的进展。卷积神经网络通过多层的神经元连接，能够自动并有效地从图像数据中学习到特征，不需要人工进行特征工程。此外，循环神经网络（RNN）和其变体，如长短期记忆网络，在处理序列数据，如自然语言和时间序列分析中，也展现了强大的能力。连接主义的哲学基础在于分布式表示和并行处理，它强调了智能行为是由大量简单单元的复杂相互作用产生的。

符号主义：也称为逻辑主义或规则主义，其研究重点在于使用符号和规则来表示知识。符号主义的一个经典例子是早期的专家系统，如MYCIN，它通过一套预先定义的医学知识规则来模拟专家的诊断过程。符号主义的另一个里程碑是Prolog语言的发展，它是一种逻辑编程语言，允许使用数学逻辑来编程。符号主义的思想基础是理性主义，它认为智能行为可以通过符号操作和逻辑推理来实现，强调了知识表示和规则引擎的重要性。

行为主义：与连接主义和符号主义不同，它更关注智能体的行为和与环境的交互。行为主义的一个关键概念是强化学习，其中Q-learning算法是其代表性成果之一。Q-learning通过评估不同行为的潜在价值来学习最优策略，这在诸如游戏AI和自动驾驶等领域中得到了广泛应用。行为主义的另一个重要方向是进化算法，如遗传算法，它们通过模拟自然选择的过程来优化问题解决方案。行为主义的技术思想强调了智能体通过与环境的交互来学习和适应，而不是依赖内部的复杂知识结构。

这三种理论框架虽然各有侧重，但它们在现代AI研究中并非孤立存在，而是相互补充和融合。例如，深度学习（一种连

接主义方法）与符号逻辑的结合产生了神经符号学习，它尝试
将深度学习强大的数据处理能力和符号逻辑的知识表示能力结
合起来。此外，深度强化学习结合了深度学习的感知能力与强
化学习的决策制定能力，推动了 AI 在复杂任务中的自主性和适
应性。

在探讨这三种理论时，我们不仅要关注它们的技术细节和应
用成果，还应该思考它们对智能本质的哲学和认知科学的贡献。
每种理论都提供了一种独特的视角来观察和理解智能，它们共同
构成了我们对智能复杂性的理解。通过跨学科的合作和综合性的
研究，我们能够更全面地探索智能的奥秘，并推动 AI 技术的持
续创新和发展。

这三种理论并非孤立，它们之间的结合产生了新的研究方
向，如神经符号主义和深度强化学习，这些新兴领域已经在图像
识别、语音识别、游戏智能、自动驾驶等领域取得了显著的进
展。这些跨学科的研究成果表明，智能的全面理解需要我们超越
单一学科的局限，采用一种综合性的研究策略。

智能的内涵极为丰富，它不仅包括信息的收集、决策和行为
执行，还涉及对过去经历和当前信息的有效编码。这种编码过程
有时被称为构建"世界模型"，即智能体对外部世界信息的内化
表示，它是智能体理解世界和进行决策的基础。在人类大脑中，
这种世界模型表现为一个高度结构化的系统，其结构化特征在大
脑的皮质柱、六层结构以及特定脑区的解剖学层面得到体现。这
些结构使得大脑能够有效地编码和处理复杂信息，而简约与自洽

的原则在这一过程中发挥着至关重要的作用。简约原则鼓励我们以尽可能简单的方式解释复杂现象，自洽原则则要求我们的理论和解释在逻辑上保持一致。这两个原则是理解和探索智能的重要指导思想。

在构建世界模型的过程中，平衡简约原则和自洽原则是一项挑战，也是科学探索的核心所在。简约原则，又称"奥卡姆剃刀"，倾向于推崇简洁的解释，即在多种可能的解释中选择假设数量最少的一个；自洽原则则要求理论内部逻辑一致，无矛盾。在智能系统的设计中，这两个原则共同指导着我们对复杂现象的理解和模拟。

简约原则在 AI 的应用中体现为对模型复杂度的控制。例如，在深度学习中，选择一个合适的模型结构和参数数量，可以避免过拟合（模型在训练数据上表现良好，但在未见过的测试数据上表现不佳）。简约模型更容易泛化到新情境，但也要确保模型足够复杂以捕捉到问题的本质特征，这就要求模型设计者在简约性和表达能力之间找到平衡点。而为了遵循自洽原则，在构建智能系统时，便需要让模型的决策过程和输出必须是可解释和可理解的。这对于提高用户对智能系统的信任至关重要，尤其是在医疗、法律等高风险领域。然而，自洽性并不总是容易实现，因为现实世界的复杂性往往超出现有理论的解释范围。

在实际应用中，世界模型面临的挑战包括但不限于数据的不完整性、环境的不确定性，以及模型的泛化能力。数据是构建世界模型的基础，但现实世界的数据往往是不完整和有偏差的。智能系统必须能够处理这些不完美的数据，并从中学习到有效的知识。此外，现实世界的不确定性要求智能系统具有鲁棒性，使其能够在不确定的环境下做出合理的决策。尽管存在挑战，世界模型在实际应用中也带来了巨大的机遇。例如，在自动驾驶汽车中，准确的世界模型可以帮助车辆理解周围环境，做出安全的驾驶决策；在医疗领域，世界模型可以辅助医生进行疾病诊断和治疗计划的制订。此外，随着技术的进步，如量子计算的发展，我们有望开发出更加强大和精确的世界模型，推动 AI 的进一步发展。

总之，构建世界模型是一项充满挑战的任务，需要我们在简约原则和自洽原则之间寻找平衡。通过跨学科合作，结合最新的研究成果和技术进步，我们有望克服这些挑战，并利用世界模型在各个领域中实现创新和突破。这不仅需要科学家和工程师的努力，也需要社会各界的理解和支持，共同推动智能科学的发展，为人类社会带来积极的影响。

在探索智能的广阔领域中，具身智能和通用人工智能作为两个重要的发展方向，它们的发展策略在某种程度上都体现了简约与自洽的原则。具身智能强调智能体通过与环境的直接交互来获取信息和学习，这种交互性不仅促进了智能体对环境的感知和认知，也驱动了智能体的行动和适应性。而通用人工智能则追求在广泛的环境和任务中展现出类拔萃的性能，这要求通用人工智能具备高度的泛化能力和灵活性。无论是具身智能还是通用人工智能，它们的发展都在追求以简洁的方式实现复杂的功能，同时保证内部逻辑的一致性和稳定性。

世界模型的概念为我们提供了一种框架，以理解和构建智能体的内部表示。杨立昆等学者提出了基于概念的世界自我模型，这一模型将世界模型作为核心，通过感知器接收外部信号，并生成相应的行为动作。该模型的分层结构在多个层面上体现出其复杂性，包括组织结构、计算视角和行为输出等。时间的分层结构尤为关键，它将时间响应划分为从毫秒级到天的级别，这种分层不仅与粒度概念紧密相关，而且体现了智能模型的动态性和适应性。

在杨立昆的模型中，概念作为核心元素，可以是词汇、标志、物理实体，甚至是主观感觉。这些概念通过相互链接，构成一个复杂的分层网络，其中链接的强度、方向和种类对模型的构建至关重要。世界自我模型的构建依赖概念的连接结构，每个概念都包含激活状态、内容以及连接矢量。模型中的搜索过程是至关重要的，它涉及在计算上具有挑战性的最优化问题，但在数学上可以通过设定一个截止值来简化问题。

基于概念的世界自我模型为我们提供了一个全新的视角来理解智能的原理。尽管这一视角与1991年的模型有显著不同，但它们都试图揭示智能的本质与原理。这些理论的发展和学者之间的差异化理解，为我们提供了丰富的视角和理论支撑，有助于我们更全面地理解智能的复杂性。随着对智能认知的不断深化和科技的持续进步，这些模型和理论将继续演化和完善，为我们揭开智能之谜提供更加坚实的基础。

在具身智能领域，智能体的物理形态、感知系统以及与环境的交互方式，都对智能的产生和发展起到重要的作用。具身智能理论认为，智能的产生是一个动态的、互动的过程，而非仅仅局限于内部的信息处理。近年来，越来越多的研究开始关注具身智能，因为它对我们理解智能的本质以及开发新的 AI 技术都具有重要的意义。通过观察和模拟生物的行为，我们可以发现许多有效解决问题的策略，这些策略可以被应用到机器人技术、虚拟现实以及其他领域，帮助我们开发出更加智能、更加自适应的系统。

在 AI 的发展趋势中，我们常常会将其与人类大脑进行比较。人类大脑的世界模型是高度结构化的，具有稀疏编码的能力，能对高维空间进行子空间编码。然而，人工神经网络相对来讲是更加非结构化的，它的训练方式和学习方式更多依赖试错和端到端的工程化手段。其中包含了大量的挑战和问题，比如模型的规模和数据量的需求，以及在训练过程中缺乏丰富性和适应性等。这些挑战促使我们不断探索新的算法和架构，以期达到更高的智能水平。

对智能的理解是一个不断发展和深化的过程。我们需要借鉴多种理论的优点，建立一个全面、综合的智能理论框架。同时，我们也需要不断关注最新的研究成果和技术发展，以便及时更新和优化理论框架。只有这样，我们才能更好地理解智能的本质，更好地推动 AI 的发展。通过这种跨学科的合作和综合性的研究，我们能够更全面地探索智能的奥秘，并推动 AI 技术的创新和发展，为人类社会带来更深远的影响。

第二节　行为、计算与生物学：
智能的三重奏

在 AI 的广阔领域中，行为、计算与生物学三个要素共同构成了智能研究的三重奏，它们相互交织，为我们理解智能提供了多维度的视角。行为作为智能的外在表现，是智能体与环境互动的直接体现；计算则是智能实现的技术基础，通过算法和模型构建智能体的决策过程；生物学则从生命科学的视角，探索自然界中智能的形成和发展机制。

行为在智能体的学习过程中扮演着至关重要的角色。智能体通过行为与外部世界交互，通过感知环境的变化作出相应的反应，这一过程不仅涉及感知和动作的协调，还包含对环境信息的学习和理解。在 AI 领域，模仿生物行为的策略已经被广泛应用于机器人技术和自动化系统中，这些系统通过模仿自然界中的生物行为，能够更加高效和适应性地完成特定任务。在 AI 的演进历程中，具身智能和强化学习作为两个关键领域，为我们理解智能体的行为和学习过程提供了深刻的洞见。具身智能强调智能体通过与环境的物理交互来获得知识和技能，这一理念与"强化学习之父"理查德·萨顿等人提出的理论不谋而合。萨顿在其开创性的工作中提出，智能体应该通过与环境的交互来学习最优行为策略，这一过程被称为强化学习。

在具身智能的框架下，智能体的行为不仅是对外部刺激的简单反应，而是一个主动的探索和学习过程。这种行为学习涉及感知、决策和动作的复杂协调，智能体必须在不断的尝试和错误中学习如何有效地与环境互动。这种学习方式与自然界中的生物学习过程有着惊人的相似性，无论是动物的本能行为还是人类的复杂技能，都是通过与环境的交互而逐渐习得的。强化学习的核心在于智能体通过接收环境的反馈（奖励或惩罚）来调整其行为策略。这种方法使得智能体能够在长期的探索过程中，发现那些能够带来最大累积奖励的行为。萨顿等人的研究表明，强化学习能够产生一种被称为策略梯度的方法。这种方法通过优化智能体的决策过程，使其能够在复杂的环境中实现高效的行为表现。

在具身智能的发展过程中，强化学习的应用已经取得了显著的成果。例如，在机器人技术领域，通过强化学习训练的机器人能够学习如何行走、抓取和操纵物体，这些技能对于实现自动化和智能化的工业生产线至关重要。此外，在虚拟现实和游戏设计中，强化学习也被用来训练虚拟角色，使其能够展现出更加自然和适应性的行为。然而，具身智能和强化学习的结合也面临着一系列挑战。首先，智能体需要在复杂的高维空间中进行有效的探索，这通常需要大量的计算资源和时间。其次，智能体的学习过程往往需要处理非线性和不确定性，这要求算法具有很好的泛化能力和鲁棒性。此外，智能体的行为策略需要在连续的动作空间中进行优化，这增加了学习过程的复杂性。为了克服这些挑战，研究人员提出了一系列创新的方法和技术。例如，通过使用深度神经网络来近似智能体的策略和价值函数，可以有效地处理高维状态空间的问题。此外，通过引入多模态感知和注意力机制，智能体能够更好地理解和预测环境的动态变化。在算法设计方面，研究人员也探索了多种策略来提高强化学习的效率和稳定性，如经验回放、正则化技术和元学习方法。在探索具身智能和强化学习的过程中，我们还需要借鉴生物学的研究成果。例如，大脑的神经可塑性机制为我们理解智能体的学习过程提供了重要的启示。通过模拟这些生物学机制，智能体能够在学习过程中实现更好的适应性和灵活性。此外，通过研究动物的行为策略，我们可以发现一些高效的行为模式，这些模式可以为智能体的行为设计提供灵感。

总之，具身智能和强化学习作为 AI 的两个重要领域，它们的发展为我们理解智能体的行为和学习过程提供了深刻的洞见。通过结合计算方法和生物学原理，我们可以设计出更加智能、适应性强的智能体，使其能够在复杂的环境中实现高效的行为表现。这一跨学科的探索不仅能够推动 AI 技术的进步，还能够为我们提供关于自然智能和 AI 之间联系的深刻见解。

计算则为智能体的行为提供了算力和算法上的支持，在 AI 的迅猛发展中，计算力的增长与计算主义思想之间存在着一种深刻的内在联系。计算主义认为，智能可以通过计算过程来实现，这一理念在 AI 领域得到了充分的体现和推动。AI 的发展历史在某种程度上可以被视为计算能力不断增强的历史，其中摩尔定律——预测集成电路上可容纳的晶体管数量大约每两年翻一番——为这一进程提供了一个标志性的参考。

随着芯片算力的显著提升，AI 领域尤其是 AI 大模型技术得以实现飞跃性的发展。这些大模型，如深度学习中的神经网络，需要巨大的计算资源来处理海量数据和复杂的算法。芯片技术的进步，特别是 GPU 和专用集成电路（ASIC）的发展，极大地加速了这些模型的训练和推理过程。GPU 最初设计用于图形渲染，但很快研究人员发现它们并行处理的能力非常适合于执行深度学习算法中的矩阵运算。随后，专门为 AI 计算设计的芯片，如谷歌的 TPU，进一步推动了 AI 大模型的发展。

AI 大模型技术的核心在于其能够捕捉和学习数据中的复杂关系和模式，这需要强大的算力来支持其深度和广度。随着算力的提升，AI 模型的规模也随之增长，从而能够处理更加复杂的任务，如自然语言理解、图像和视频分析等。这些模型的性能提升，不仅仅是在速度上的增加，更重要的是在智能水平上的飞跃，它们开始在某些任务上达到甚至超越人类的水平。

计算力的增长还带来了 AI 研究方法上的变革。例如，自动化机器学习（Auto ML）和神经架构搜索（NAS）等技术，利用强大的计算资源来自动设计和优化 AI 模型，减少了人工干预，提高了模型的效率和性能。这种方法体现了计算主义思想，即将智能行为视为可计算的问题。同时，随着 AI 技术的普及，对算力的需求也在不断增长，这推动了芯片行业的进一步发展。AI 专用芯片的研发和生产正在成为半导体行业的一个重要分支，这些芯片为 AI 应用提供了更加高效和定制化的计算能力。这种相互促进的关系，不仅加速了 AI 技术的发展，也推动了整个信息技术产业的创新。

然而，计算力的提升也带来了新的挑战，如能源消耗和计算资源的可持续性问题。AI 大模型训练过程中的能耗巨大，这促使研究者探索更加节能的算法和硬件设计。此外，随着模型规模的增大，如何有效管理和优化这些模型，防止过拟合，提高模型的泛化能力，也是当前研究的热点。

总之，计算力的发展与计算主义的内在思想紧密相连，它们共同推动了 AI 领域的进步。AI 大模型技术的成功应用展示了计算主义的强大潜力，同时也揭示了未来智能系统发展的方向。随着技术的不断进步，我们有理由相信，计算力将继续作为 AI 发展的重要驱动力，推动智能系统向更高水平的智能化和自动化迈进。

生物学原理在智能研究中同样发挥着重要作用。例如，基因的编码和解码过程为数据压缩和模型泛化提供了启示。在 AI 的学习过程中，简约和自洽原则的运用，类似于基因信息的压缩和表达，通过这种方式，智能体能够在保持信息量的同时，减少模型的复杂度，提高学习效率和准确性。生物学原理在智能研究中的应用，为我们理解 AI 提供洞见。特别是在基因的编码和解码过程中，我们发现了与数据压缩和模型泛化相似的机制。基因通过高度压缩的方式存储生物体的遗传信息，而这些信息在需要时被解码并表达出来，这一过程不仅高效而且准确，为 AI 的数据存储和处理提供了灵感。

在 AI 的学习过程中，简约和自洽原则的应用与基因信息的处理有着异曲同工之妙。简约原则鼓励我们设计简洁的模型，以减少计算复杂度并提高泛化能力；自洽原则则要求模型的内部逻辑一致，确保智能体的行为与其内部认知状态相匹配。通过这种方式，智能体能够在保持信息量的同时，减少模型的复杂度，从而提高学习效率和准确性。此外，生物学中的自由能原理也为通用人工智能技术的探索提供了新的视角。自由能原理是生物学中用于描述生物体如何在不确定性环境中做出决策的理论。在 AI 领域，这一原理被用来构建能够处理不确定性和复杂性的智能系统。通过最小化系统状态与环境预期之间的自由能差异，智能体可以更好地适应环境变化，并做出更加合理的决策。

基于自由能的 AI 技术，正在成为实现通用人工智能的关键途径之一。通用人工智能指的是能够在广泛领域内执行人类智能行为的 AI 系统。这类系统需要具备高度的适应性、学习能力和决策能力。自由能原理为构建这样的系统提供了理论基础，它强调了智能体在与环境交互过程中的主动性和预测性。在实现通用人工智能的过程中，我们需要深入理解生物智能的工作原理，并将其与 AI 技术相结合。例如，大脑的神经网络结构和信息处理机制，为我们设计高效的计算模型提供了指导。同时，生物体的学习、记忆和适应机制，也为智能体的学习算法提供了灵感。此外，生物学中的进化机制也被应用于 AI 领域，特别是进化算法和遗传算法。这些算法通过模拟自然选择和遗传变异的过程，使智能体能够在不断的迭代中优化其行为策略。

综上所述，行为、计算与生物学这三个要素在智能研究中相辅相成，它们共同推动了我们对智能本质的理解，并为 AI 的发展提供了丰富的理论基础和技术手段。通过跨学科的合作和综合性的研究，我们能够更全面地探索智能的奥秘，并推动 AI 技术的创新和发展，为人类社会带来更深远的影响。

第三节　世界模型视角的智能

在探索通用人工智能的深远潜力时，我们不可避免地深入到了如何理解和处理海量复杂信息的核心问题。这一问题的核心在于如何构建和运用精确的世界模型和自我模型——它们构成了智能体理解环境、做出决策并执行行动的基础。这些模型的建立不仅需要数学和神经科学的理论支撑，还需要跨越计算机科学、心理学、社会学等学科的深入合作与知识融合。

在构建世界模型的过程中，数据的质量和量是至关重要的。模型的准确性和可靠性在很大程度上依赖于输入数据的质量和完整性。因此，数据的收集、处理和优化成为这一过程中不可或缺的步骤。同时，模型的动态更新机制同样重要，以确保智能体能够适应环境的不断变化，及时根据新的数据和信息进行更新和调整。在构建世界模型和自我模型的学术探索中，数据的质量和量构成了模型准确性和可靠性的基石。在数字经济学和信息经济学的视角下，数据不仅仅是模型输入的原始素材，更是智能体理解和预测环境变化的核心资产。因此，数据的收集、处理和优化不仅是技术过程，更是确保智能体能够持续适应并预测环境变化的关键策略。

从信息经济学的角度来看，数据的质量和量直接影响着智能体的决策质量和行动效率。高质量的数据能够提供更准确的信息，从而使得智能体能够构建更为精确的世界模型，进而做出更优的决策。同时，数据量的充足能够增强模型的泛化能力，提高智能体在未知情境下的适应性和鲁棒性。这一过程中，数据的动态更新机制变得尤为重要，它确保了智能体在面对环境变化时，能够及时吸收新的信息，调整和优化其行为策略。

在数字经济学的框架下，数据的管理和优化还涉及数据的可获取性、可处理性和可解释性。智能体需要从海量数据中提取有价值的信息，这要求数据的收集和处理过程不仅要高效，还要能够保护数据的隐私和安全。此外，数据的可解释性也是构建信任和透明度的关键，尤其是在涉及人类社会和伦理问题时，数据的来源、处理方式和使用目的都需要得到清晰的解释和合理的管理。

跨学科的研究表明，数据的价值不仅体现在其直接的经济利益上，还体现在其对智能体认知能力的提升上。在心理学和认知科学的研究中，数据被视为智能体与环境互动的媒介，通过数据的分析和理解，智能体能够构建内在的心理模型，从而更好地预测和适应环境。在计算机科学和 AI 领域，数据的优化和处理则是实现高效计算和智能决策的基础。

此外，数据的动态更新机制还需要考虑到数据的时效性和实时性。在快速变化的环境中，智能体需要能够快速响应新的数据和信息，这要求数据的收集和处理过程不仅要准确，还要迅速。实时数据分析和处理技术的发展，为智能体提供了及时更新其世界模型的能力，从而在竞争激烈的环境中保持优势。

综上所述，数据的质量和量在构建世界模型和自我模型的过程中发挥着至关重要的作用。从数字经济学和信息经济学的角度出发，我们不仅要考虑数据的技术价值，还要考虑其经济价值和社会价值。通过跨学科的研究和合作，我们可以更全面地理解和利用数据，推动智能体在复杂环境中的适应性和智能性，为人类社会的发展带来更深远的影响。

在智能体的发展历程中，模型的层级化和抽象化是构建高效认知框架的关键策略。通过层级化，智能体能够将复杂的环境信息分解为可管理的子单元，而抽象化则允许智能体从具体的感知数据中提取出关键的模式和概念。这种分层和抽象的策略不仅提升了智能体处理信息的能力，也为智能体提供了更高层次的认知功能，如规划、推理和决策。

在设计和使用这些模型时，智能体必须考虑如何有效地整合来自不同层级和抽象级别的信息。例如，底层的感知模型可能专注于处理原始感官输入，而高层的认知模型则负责处理抽象的概念和关系。这种整合需要智能体能够在不同层级之间传递和转换信息，确保信息在传递过程中的一致性和准确性。

此外，世界模型的应用不应仅限于对环境的理解和解释，它们还应能够指导智能体的决策和行动。这意味着模型不仅需要能够反映环境的状态，还需要能够预测可能的结果，并生成有用的决策和行动建议。为了实现这一点，智能体需要具备一种机制，能够评估不同决策的潜在价值，并选择那些最有可能带来积极结果的行动。

为了确保模型的有效性，评估和验证模型的准确性和可靠性成为后续的重要步骤。这可能需要设计专门的评估和验证方法，包括模拟环境、基准测试和实时反馈。通过这些方法，智能体可以测试其模型在不同情境下的表现，并根据反馈进行调整和优化。

在这个过程中，模型的可解释性变得尤为重要。可解释性不仅有助于智能体理解其模型的工作原理和限制，也有助于人类理解和信任智能体的行为。萨顿等人的理论强调了智能体通过与环境的交互学习最优行为策略的重要性。在这一框架下，智能体的模型不仅是对环境的静态表示，而是动态的、不断更新的，以适应环境的变化和智能体的目标。

从智能体发展的趋势来看，未来的模型将更加注重可解释性、适应性和泛化能力。智能体将需要在复杂和动态的环境中做出快速而准确的决策，这要求模型能够捕捉到环境的关键特征，并能够从经验中学习。同时，随着智能体在社会中的应用越来越广泛，模型的伦理和社会责任也将成为设计和评估模型时需要考虑的重要因素。

由此可见，智能体的模型设计和应用是一个多维度的挑战，它涉及信息的处理、决策的生成、模型的评估和验证，以及模型的可解释性和伦理性。通过跨学科的研究和合作，我们可以推动智能体技术的发展，并确保这些技术能够为人类社会带来积极的影响。

在深入探索世界模型构建的过程中，我们发现人工与自然智能的结合提供了一种独特的资源和视角。陶哲轩院士的研究特别强调了数学在这一过程中的核心作用，他指出，数学不仅是理论的基石，也是推动智能系统发展的关键工具。

通过观察和模拟人类及其他生物的自然智能，我们能够获得设计高效、适应性强的智能系统的灵感。AI 作为工具和方法，使我们能够深入理解自然智能的机制，这种跨学科的融合不仅推动了智能技术的发展，也为我们提供了新的理解和研究自然与人工世界的方法。

在数据处理领域，增量学习方法因其高效性而受到重视，尤其在处理新数据时显示出独特优势。这种方法通过卷积等操作，将非线性问题转化为线性问题，有效处理了非线性问题，展示了数学在解决实际问题中的重要作用。数学与计算之间的闭环关系尤为重要。我们不仅关注数学理论的表达能力，也关注这些理论是否能够通过计算机实现和计算。随着数据维度的增加和数据量的扩大，传统的数据处理方法可能会遇到挑战。在这种情况下，我们可以依托数据中的几何结构，构建结构化的方式来处理这些问题，这不仅提高了数据处理的效率，也为我们提供了新的视角来理解数据的本质。在 AI for Math 和 Math For AI 的研究方向中，AI 和数学之间的相互作用为我们提供了新的工具和理论来解决复杂的数学问题。AI for Math 利用 AI 的强大计算能力来解决数学中的难题，而 Math For AI 则将数学的严谨性和深度应用于 AI 的发展，推动了智能理论的进步。这种双向互动不仅加速了数学问题的解决，也为 AI 的发展提供了新的理论和方法。

尽管控制论等领域早已提出了信息的压缩编码、闭环反馈、博弈学习、白盒模拟非线性、变化不变性等理念，我们对于计算机如何实现这些理念，尤其是如何实现高阶的语义符号和逻辑推理等复杂操作的计算机理还有很多不清楚的地方。智能如何在持续学习中涌现出高阶符号，以及这些高阶表征如何自然涌现，这些问题仍然是通用人工智能领域研究的前沿课题。

在深入探讨智能现象时，我们必须借助控制论、信息论，以及相关领域的深刻见解，来构建对智能更为全面的理解。控制论，作为研究系统控制和通信的科学，提供了一套理论框架和方法论，用于分析和设计复杂系统，包括智能系统。信息论则关注信息的量化、存储和传输，为理解智能系统如何处理和优化信息流提供了基础。

在智能系统的研究中，我们面临着如何将控制论中的反馈机制、自适应控制，以及博弈论等概念转化为计算实现的挑战。这些概念在理论上是清晰的，但在实际应用中，尤其是在实现高阶语义符号和逻辑推理等复杂操作时，仍有许多未知之处。例如，如何确保智能体在持续学习过程中能够生成并理解高阶符号，以及这些高阶表征是如何在智能体内部自然涌现的，这些问题是当前研究的热点。谷歌等科技巨头的科学家们在这一领域的研究成果，为我们提供了宝贵的洞见。DeepMind 的研究人员利用深度神经网络和强化学习算法，成功训练出了能够玩转如围棋等复杂游戏的 AI 系统 AlphaGo，这一成就展示了机器学习在处理高度复杂任务中的潜力。此外，DeepMind 的 AI 系统在模拟复杂物理过程和优化能源效率方面也取得了显著进展，这些都是信息压缩和建模模拟能力的体现。

在探索智能的普遍性原理时，我们逐渐认识到信息压缩、建模和模拟、预测、学习、适应等元素的重要性。这些原理性元素构成了智能系统的基本框架，它们不仅适用于技术实现，也适用于我们对自然界智能现象的理解。例如，自然界中的生物体，如人类和其他动物，都展现出了通过感知环境、设定目标、进行决策和执行行动的能力。这些能力背后的共同机制，为我们提供了研究智能的基础。智能的多维性要求我们不仅关注目标设定和感知模拟，还要关注信息的压缩、传递和共享。在这一过程中，信息论的原理尤为重要，它指导我们如何有效地处理和利用数据，以及如何设计能够优化信息流的智能系统。通过跨学科的合作，结合控制论、信息论、计算机科学、认知科学等领域的知识，我们可以构建更为全面和深入的智能理论。

总之，智能现象的探索是一个复杂而多维的过程，它要求我们不仅要理解智能系统的技术实现，还要深入探讨其背后的科学原理。通过借鉴谷歌 DeepMind 等在智能领域的研究成果,我们可以更好地理解智能的本质,并推动 AI 技术的创新和发展。这不仅需要技术上的突破,还需要我们在哲学、伦理和社会层面上的深思熟虑,以确保 AI 技术的发展能够造福人类社会。

第九章

基础模型之上的具身智能

第一节　解开具身智能之谜：从 RT-X 到自由能原理

在 AI 的广阔领域中，具身智能的探索正逐渐成为研究的热点。随着技术的不断进步，我们开始触及这一领域的深层次问题。

谷歌 DeepMind 的 RT-X 项目，以其创新的视角和方法，为具身智能的研究开辟了新的路径。该项目通过引入先进的大语言模型，结合模仿学习策略，在多种具身任务中实现了性能的显著提升。尽管 RT-X 项目取得了令人瞩目的成就，但基于大模型的具身智能在实际应用中仍面临着诸多挑战，如模仿学习与强化学习的局限性，以及对机器人灵活性和环境认知能力的限制。

RT-X 的架构革新在于其核心——一个强大的语言模型，它通过模仿学习来提升机器人在具身任务中的表现。然而，这种模型的局限性也不容忽视。例如，RT-X 主要通过控制机器人的末端执行器（end-effector）来完成任务，这在一定程度上限制了机器人动作的灵活性，难以达到人类对自身肢体的自如操控。此外，模型对于自身身体和环境的认知能力不足，可能导致在处理第三视角视频输入时的性能下降。

当前具身 AI 的主流范式，如模仿学习和强化学习，虽然在数据驱动的学习方面取得了一定的成就，但在处理连续变量和数据量限制等核心问题上，仍显得力不从心。这些范式往往需要大量的数据输入，而在现实世界中，获取如此海量的数据往往是不现实的。同时，将连续变量离散化处理，也使得模型丧失了对这些变量连续性的精确把握，影响了模型的性能。

为了实现更高级的具身 AI，我们需要突破现有的范式，寻找新的方法。一方面，我们需要赋予具身智能系统更深层次的自我认知和环境理解能力；另一方面，我们也需要探索更高效的数据利用策略，以应对数据量的限制。尽管目前尚未有确切的解决方案，但众多杰出的研究者，包括图灵奖得主杨立昆、杰弗里·辛顿和约书亚·本吉奥（Yoshua Bengio）等，都在积极探索可能的解决途径，并提出了一系列富有前瞻性的思想。

本章将围绕"解具身智能之谜：从 RT-X 到自由能原理"这一主题，深入探讨具身智能的奥秘，以及如何通过科学的方法，逐步揭开其神秘的面纱。通过结合最新的研究成果和前瞻性的思想，本章旨在为读者提供一个全面、深入的视角，以理解具身智能的现状、挑战与未来。我们将从 RT-X 项目的创新之处出发，探讨其在具身智能领域的贡献与局限，并进一步探讨自由能原理如何为我们提供新的视角和解决方案，以推动具身智能的进一步发展。

在 AI 的飞速发展中，具身智能作为关键的一个分支，正逐渐成为科技界的焦点。尽管当前的具身智能系统在模仿学习和强化学习等方面取得了显著的进展，但它们仍然缺乏对自身身体和周围世界的基本认识。这一问题在谷歌 DeepMind 的 RT-X 项目中体现得尤为突出。RT-X 项目虽然成功地将大语言模型应用于具身智能任务，但在处理第三视角视频输入时的性能仍然不尽如人意。此外，RT-X 项目在设计机器人行动时，只考虑了操作杆头部的控制，而忽视了机器人身体其他部分的控制，这无疑限制了机器人的灵活性和适应性。

同时，目前的具身智能范式在处理连续变量时，通常采取的是离散化的方法。这种方法虽然简单易行，却丧失了连续变量本身的度量空间性质，从而影响了模型的性能和效率。另一方面，这些范式对数据的需求量非常大，而在实际应用中，我们往往无法获取如此大量的数据，这无疑加大了模型训练的难度。因此，如果想要实现通用的具身 AI，我们就需要寻找新的解决方案。这包括让具身智能系统拥有对自身身体和周围世界的基本认知，这样才能让它更好地适应和应对各种任务。同时，我们也需要找到一种能够更好地利用数据的方法，以克服数据量问题带来的挑战。

通过上述讨论可知，在 AI 领域，具身智能已经引起广泛的关注和深入的研究。其中，如何提高具身智能的泛化能力成为一个重要的课题。大型模型如谷歌的 RT-X，由于对自身身体以及周围世界的认知不足，模型的泛化能力仍有待提高。一个有效的泛化模型需要具备对世界运作方式的深刻理解。然而，目前的模型在这一方面存在明显的缺陷。RT-X 等大型模型虽然能够通过模仿学习在多个具身任务上取得良好的表现，但在面对更复杂、多变的真实世界环境时，模型的表现就变得相当有限。例如，当模型面对特殊的背景时，其表现往往会大打折扣。这意味着，当前的模型并未真正理解世界的运作方式，而只是通过学习对输入数据进行了一种机械化的映射。

再者，当前的具身智能模型通常依赖人工设计的奖励函数来驱动学习。然而，这种方式不仅工作量大，效果也未必理想。国内的 AI 科学家团队就曾经在他们的机器人跑酷项目中遇到这样的问题：他们发现，虽然模型可以在模拟环境中完成跑酷任务，但在真实环境中，模型会一直向前冲，直到撞到墙壁。这是因为模型并不能理解"前进"的真正含义，它只是根据奖励函数给出的指示机械地向前冲。即使模型可以在模拟环境中完成任务，在真实环境中的表现却可能大打折扣。因此，如何设计出能够更好地指导模型学习的奖励函数，也成为一个重要的问题。

除此之外，在 AI 领域，具身智能模型的发展面临着其他挑战，特别是在学习新技能和处理未知任务方面。以"在桌子上移动苹果"的任务为例，如果模型仅被训练去移动物体而未具体识别移动对象，它在实际应用中可能无法准确完成任务。这种局限性源于模型未能深入理解任务的本质，而仅仅是在模仿学习过程中按照固定模式进行操作。为了克服这些挑战，我们需要赋予具身智能系统更深层次的自我认知和环境认知能力。这意味着，模型不仅要有"自我意识"，理解自己的身体结构和运作方式，还应具备"环境意识"，理解周围世界的运作规则，从而在复杂环境中进行有效操作。这样的认知能力将使模型在面对新任务时，能够基于自身理解进行任务的分析和规划，以更高效地完成任务。

在信息科学领域，信息压缩的问题同样引人关注。以观看充满随机噪声的电视屏幕为例，这些噪声是无法预测和压缩的，因为它们缺乏可识别的模式或结构。这种现象在信息处理中构成了一个难题，因为它阻碍了系统从数据中学习和提取有用信息的能力。为了解决这一问题，谢恩·莱格（Shane Legg）和马库斯·胡特尔（Marcus Hutter）提出了 AIXI 智能代理的概念。他们认为，智能的核心在于解决问题的能力，这种能力应在广泛的任务中得到体现。为此，他们定义了一个目标函数，该函数将任务的奖励与描述任务所需的比特数相结合。在这个框架下，任务的权重与其描述的简洁性成反比，即所需描述比特数越少的任务，其权重越大，这与奥卡姆剃刀原则相吻合。

然而，AIXI 模型也面临着一些挑战。首先，任务的来源和定义是一个问题。对于人类而言，我们的任务是在地球所在的宇宙中生存，这是自然而然的任务。但对于 AIXI 这样的智能代理，它需要完成的任务是什么？其次，任务奖励的来源和确定也是一个问题。如果每个任务都需要大量的人为指定信息，那么学习到的行为可能并不是我们所期望的。这些问题提示我们，在设计智能系统时，需要更深入地考虑任务的来源、定义以及奖励机制的设计，以确保智能系统能够学习到真正有用和符合预期的行为。

综上所述，无论是具身智能模型的自我与环境认知，还是信息科学中的信息压缩问题，以及 AIXI 智能代理的任务定义和奖励机制，这些都是当前 AI 领域亟待解决的关键问题。解决这些问题需要跨学科的合作，结合认知科学、计算机科学、信息论等领域的理论和方法，以推动 AI 技术的进一步发展。

在探索 AI 的深度与广度时，我们不可避免地会面临一系列根本性问题，尤其是关于如何构建和学习世界模型的问题。目前，尚无统一的标准来评价一个世界模型的优劣，也难以界定何种对世界的认知模型算是"好的"。这些问题的复杂性凸显了我们需要一个更深层次的理论框架来指导研究，而自由能原理正是这样一个潜在的解决方案。

自由能原理，起源于计算主义思想，提供了一个将感知、行动和学习统一起来的框架。它基于一个核心假设：智能体通过最小化其内部状态与外部环境预测之间的差异来维持自身的稳定性。在这一原理中，外部世界的状态被称为潜在状态，这些状态不仅受智能体行为的影响，而且这一过程是随机的，引入了环境噪声。自由能原理还考虑了如何将外部世界的状态与我们的感官信号相联系，例如通过光线反射形成的视觉感知。我们的感知状态变化和行为产生都是沿着自由能最小化的轨迹进行的，这里的自由能由两部分组成：精度和复杂度。精度反映了模型对感官信号的拟合程度，而复杂度则是对模型复杂性的一种惩罚，避免过拟合现象。

在智能体的学习过程中，先验概率起着至关重要的作用。我们追求的是一个既不过于简单也不过于复杂的模型，这也与奥卡姆剃刀原则相呼应。人类对世界的认知模型就是这种简洁性的体现，我们能够迅速地识别和理解复杂的场景而不需要复杂的推理。

自由能原理不仅为智能体提供了一个自动学习世界模型的机制，而且这一机制还不需要人为干预。它适用于多层次的系统，并已在多个研究领域得到应用。除了自由能原理，还有 RSTM 支付等框架，它们提出了自动获取信息和行为的博弈模型，通过世界模型网络和控制器网络的相互作用，优化信息的压缩和行为的产生。

然而，自由能原理和其他学习框架都面临着数据集和环境的挑战。一个关键问题是，是否只要拥有足够大的数据集就能保证智能体展现出无限的智能行为。这引出了对"大数据集"定义的思考，以及对通用人工智能的理解。如果通用人工智能指的是智能体能够解决所有未来可能出现的任务，那么我们必须认识到世界是不断变化的。未来可能出现的新机器和新任务是我们目前无法预见的。这要求我们的学习模型能够适应一个不断演化的世界，而不是仅仅局限于固定的数据集和环境。

在 AI 的探索之旅中，自由能原理提供了一个理解和构建具身智能模型的重要工具。然而，这一原理并非万能，它要求我们不断地探索和改进，以适应不断变化的世界和日益增长的智能体能力需求。通过深入研究和跨学科合作，我们有望逐步揭开具身智能的神秘面纱，推动 AI 向更深层次发展。

自由能原理的核心在于通过最小化内部状态与外部环境预测之间的差异来维持系统的稳定性。这一原理不仅解决了信息压缩的问题，还涉及任务来源、奖励来源，以及如何学习世界模型等一系列问题。但是，为了实现智能体的适应性，我们需要在不断演化的环境中设定具有挑战性的任务。适应性是一个关键特性，它的涌现要求任务本身具有适应性的需求。如果任务在时间上没有变化，或者在一个固定的环境中就能被解决，那么适应性就没有机会涌现。

肯尼斯·斯坦利（Kenneth Stanley）和乔尔·雷曼（Joel Lehman）在《为什么伟大不能被计划》（*Why Greatness Cannot Be Planned*）中提出了一些引人深思的观察和见解。他们通过一个在线网站让用户对现有图像进行微小的改变，创造出新的图像，展示了实现特定目标可能需要经历一些看似不相关或无意义的过程。这一发现对于我们理解和处理固定数据集和环境具有重要的启示，提示我们如果单纯优化固定目标，可能会忽视一些重要的行为和变化。

在智能体的发展过程中，适应性是一个至关重要的特性。为了实现适应性，我们需要在不断变化的环境中设计具有挑战性的任务。同时，我们需要认识到世界的不断演化，以及适应性在智能体发展中的重要性。这要求我们在理论和实践中找到合适的方法和策略，以适应不断变化的世界。

具身智能和通用人工智能的发展趋势，以及相关的学术理论和产业界的研究成果都指向一个共同的方向——我们需要构建一个能够充分利用有限信息、有效解决问题、适应不确定性，并能从环境中学习和进化的智能模型。自由能原理正是这样一个可能的框架，它为我们提供了一个将行动和感知统一在同一框架下的机制，并为信息获取和模型学习提供了一种方法。

综上所述，自由能原理及其相关研究不仅为我们提供了构建智能体的理论基础，而且为我们如何在不断变化的环境中培养智能体的适应性指明了方向。通过持续的研究和实践，我们有望实现 AI 的长远目标，创造出能够真正理解和适应复杂世界的智能体。

第二节　具身智能与通用人工智能的融合之路

在 AI 的广阔领域中，我们持续追求让机器学习模型更加精准地理解和执行任务的目标。然而，这一过程并非总是顺畅无阻的。即便我们投入了海量的训练数据并应用了复杂的优化算法，模型的表现有时仍然不尽如人意。以图像分类为例，模型可能会过分依赖训练数据中的特定模式，而忽略了现实世界的多样性和复杂性，导致其在新数据面前预测失准。

特别是在对抗性攻击的情境下，对抗性攻击通过在输入数据中引入微小的扰动，就能诱导深度神经网络做出错误的分类决策。这种现象揭示了深度神经网络在对现实世界进行抽象时存在的不足。由于训练数据的局限性，网络可能学习到的是一种与现实世界相悖的抽象，使得其预测结果与实际情况相差甚远。为了弥补这一缺陷，我们可以引入更高层次的抽象概念。例如，将世界状态抽象为对象及其相互关系，并将任务定义为在这一抽象空间中的操作。这样的方法有助于模型更准确地把握任务的意图，从而提升其执行任务的能力。当然，对于非刚性物体等复杂情况，我们可能需要更精细的抽象，如考虑物体的形状、部件等属性。

在传统的机器学习方法中，我们通常依赖庞大的数据集来训练模型，使其学习数据集中蕴含各种技能和模式。但这种方法存在明显局限：模型的学习范围被限定在数据集所包含的模式之内。若数据集中未包含某些技能，如骑自行车，模型自然无法学习。这就引出了一个关键问题：如何使机器学习模型掌握数据集之外的技能？

为了解决这一难题，研究者提出了多种创新方法。一种可能的途径是通过迁移学习，即在一个任务上训练模型后，将其应用到另一个不同但相关的任务上。这种方法利用了模型在源任务中学习到的知识，帮助其快速适应新任务。另一种方法是通过强化学习，让智能体通过与环境的交互来学习复杂的行为。在这一过程中，智能体通过试错来发现哪些行为能够带来更好的结果，从而逐渐掌握任务所需的技能。此外，元学习或"学会学习"的概念也为我们提供了新的视角。元学习旨在训练模型以快速学习新任务，即使这些任务在训练阶段并未明确出现。通过元学习，模型能够识别跨任务的共性，从而在面对新任务时展现出更强的适应性和灵活性。

综上所述，AI 领域正面临着从数据驱动的学习向更深层次的智能迈进的挑战。这要求我们不仅要关注模型在特定任务上的表现，还要深入理解其泛化能力和适应性。通过引入更高层次的抽象、探索迁移学习、强化学习以及元学习等策略，我们有望培养出能够超越数据集限制、自主学习和适应新情境的智能体。这些研究不仅将延展 AI 技术的边界，也将为我们提供关于智能本质的洞见。

在 AI 的演进历程中，具身智能作为一门新兴的学科领域，正逐渐成为连接机器与复杂任务执行能力的桥梁。具身智能的核心挑战在于如何使机器学习模型不仅能够理解抽象的任务描述，而且能够在物理世界中执行这些任务。例如，我们可能期望一个模型能够将一个红色的方块推到一个特定的目标位置。这不仅要求模型识别和理解对象及其属性，还要求它能够规划并执行一系列动作来达到目标，这是对模型认知和操作能力的双重考验。

在定义这类任务时，我们面临着如何将任务的语义和执行要求转化为模型可理解的形式的难题。为了解决这一难题，研究者提出了一种方法，即通过引入抽象概念构建任务模型。这种方法涉及将环境状态抽象为一系列的对象和它们之间的关系，并将任务定义为在这一抽象空间中的操作序列。例如，将红色方块推至特定位置的任务可以抽象为识别"红色方块"对象并将其移动至"特定位置"对象。这种抽象方法不仅提供了一种更为直观的任务描述方式，而且有助于模型更好地理解和执行任务。

然而，这种方法在处理非刚性物体或复杂动态环境时仍面临挑战。在这些情况下，传统的对象抽象可能不足以捕捉物体的全部特性，如形状变化、柔韧性等。因此，研究者正在探索更为复杂的抽象概念，如拓扑关系、物体动力学和功能属性，以更全面地描述和处理这些复杂的实体。

此外，自我生成奖励函数的能力是另一个关键的研究方向。在人类的学习过程中，大脑能够基于自身的经验和认知能力生成奖励函数，这一过程不需要外部干预。这种自我激励机制是人类智能的重要特征，也是当前机器学习模型所缺乏的。赋予模型自我生成奖励函数的能力，将极大地提升其自主学习和适应新环境的能力，这是实现通用人工智能的关键一步。

当前的机器学习模型通常被视为"无知"的模型，它们能够捕捉数据中的统计规律，但这些规律对于人类来说往往难以解释。这种现象可能源于训练数据的局限性，或是模型缺乏足够的抽象和理解能力。与此相对，人类在理解世界时，倾向于抽象出一些普遍存在的结构，这些结构帮助我们构建对现实世界的认知。机器学习模型在这一方面的不足，可能是它们难以理解世界的根本原因。因此，如何使机器学习模型具备抽象和理解世界的能力，成为 AI 领域的一个重要研究方向。

综上所述，具身智能与通用人工智能的融合之路充满挑战，但也充满希望。通过不断的理论创新和实践探索，我们有望逐步解决这些难题，推动 AI 向更高层次发展。这不仅需要我们在技术上的突破，更需要我们在哲学、认知科学和神经科学上的深刻洞察。通过跨学科的合作和多角度的思考，我们有望揭开智能的深层奥秘，开启 AI 的新篇章。

在 AI 的发展历程中，具身智能和通用人工智能的研究正逐渐汇聚成一股强大的学术潮流，旨在解决机器如何更好地与环境互动、理解并处理信息的问题。具身智能着重于机器对物理世界的认知和操作，强调模型对环境结构的理解和抽象能力，以实现对环境的深层次理解。而通用人工智能则着眼于机器的认知架构，追求机器能够像人类一样具备广泛的理解力和问题解决能力，这涉及对问题结构的深入理解和抽象。

信息压缩的概念在这一研究领域中扮演着至关重要的角色。信息压缩，即将信息以尽可能少的比特数表示，本质上是一种寻找和利用信息结构的过程。在具身智能和通用人工智能的研究中，信息压缩不仅是一种数据编码技术，更是一种抽象和理解信息的方法。通过信息压缩，研究者试图揭示数据背后的结构，使机器能够更高效地表示和处理信息。

然而，当前对于信息压缩在机器学习中应用的理解仍然有限。尽管理论上信息压缩能够提升模型的理解能力，但在实践中如何实现这一过程，以及如何通过它增强模型的抽象和认知能力，仍是一个开放性问题。这要求我们对具身智能和通用人工智能的研究进行更深入的探索，以期找到信息压缩与智能行为之间的联系。

在这一过程中，我们还需要探讨如何利用具身智能和通用人工智能来改进机器学习模型。具体而言，模型需要能够识别并理解环境中的结构，如物体的形状和位置，并将这些结构用于提高其预测和决策能力。同样，模型也应当理解问题的内在结构，如目标和约束，以优化其问题解决策略。此外，自我监督学习的能力也是未来研究的关键方向，即模型能够自我生成标签，并利用这些标签指导学习，减少对人工标注数据的依赖。

在探索人类智能及其在 AI 中的实现过程中，自我认知的理解显得尤为重要。以镜像现象为例，人类能够迅速并准确地识别出镜子中的形象是自己的反射，而非独立实体。这种能力反映了人类对世界的深层次理解，是我们构建世界模型的基础。在深度学习领域，世界模型的概念应运而生，其基本功能是对外部环境进行预测和反应。这种预测能力是大脑对环境的快速反应和决策的基础，也是我们进行长期规划和行动的基础。

为了实现这一目标，我们需要构建一个能够进行层次化抽象的世界模型，从高维到低维，再到离散元素，形成对未来的预测。这种模型能够帮助我们降低变量的复杂性，提高计划的可行性。同时，世界模型还需要能够编码因果关系，这是进行反事实推理和提高样本效率的关键。通过编码因果关系，我们可以更好地理解和预测世界的变化，从而在学习新技能时更加高效。

深度学习作为实现这一目标的关键技术，提供了一种可能的途径。深度学习模型，如 Transformer，通过前馈方式处理信息，为世界建模和认知提供了强大的工具。然而，这些模型通常缺乏持久记忆和持久表征的能力，这限制了它们对世界的深入理解和反应。为了解决这一问题，研究者正在探索新的模型架构，如受到 Predictive Coding 理论启发的模型，这些模型能够生成持久的表征，并具有马尔科夫性质，能够根据部分信息重建完整的图像。

综上所述，具身智能和通用人工智能的研究为我们提供了一个理解和模拟人类智能的新视角。通过构建能够进行层次化抽象、预测未来、编码因果关系的世界模型，我们有望实现机器的自主学习和高效决策。这一跨学科的研究领域，不仅需要我们在理论和技术上的突破，更需要我们在认知科学、神经科学和心理学等领域的深入合作。通过整合多学科的知识和方法，我们有望逐步揭开智能的深层奥秘，推动 AI 向更高层次发展。

第三节　从生物学习机制到神经网络的算法之旅

在探索神经网络及其与生物智能关联的学术旅程中，我们不仅要关注算法和模型的技术细节，还应深入思考这些技术如何映射和模拟自然界中的智能行为。从生物休眠的神秘现象到深度学习的核心算法，再到大脑的学习机制，这些研究领域相互交织，为我们提供了理解智能本质的多维视角。

生物休眠作为一种普遍现象，其背后隐藏的生理和行为学机制对我们理解生物智能至关重要。睡眠对于记忆巩固、学习、情绪调节以及大脑的代谢和恢复都有着不可替代的作用。尽管睡眠使生物在某种程度上变得脆弱，但它的必要性指向了一种深层的生物学需求，这种需求可能与大脑在睡眠期间进行的复杂信息处理有关。科学家通过研究睡眠模式、脑波活动以及神经递质的变化，逐渐揭示了睡眠在认知功能中的作用，这些发现对于设计能够模拟生物学习过程的 AI 系统具有重要意义。

在深度学习领域，反向传播算法作为训练神经网络的主要手段，其影响力不容小觑。然而，随着研究的深入，人们开始意识到反向传播可能并不是自然界中生物学习的唯一机制。大脑的学习过程远比当前的算法复杂，涉及多种神经递质、突触可塑性机制以及神经元网络的动态交互。这些生物学过程提示我们，设计新型学习算法时，可能需要超越传统的反向传播框架，探索更加符合生物学习原理的方法。

此外，神经网络的结构和功能与大脑的神经元网络存在着某种程度的相似性，但它们之间的差异也不容忽视。大脑中的神经元通过电信号和化学信号相互连接，形成了一个高度复杂和动态的网络。这种网络不仅能够处理信息，还能够通过学习和经验改变自己的结构和功能。受此启发，研究者提出了基于前向和后向信息传递的新学习机制，这些机制试图模拟大脑中神经元的自然信号传递过程，以期提高学习效率和适应性。

然而，这些新型学习机制在性能上往往难以超越传统的随机梯度下降（SGD）算法。这一现象促使我们反思，是否所有智能行为都源自对某个目标函数的优化？在自然界中，生物的学习行为往往是为了适应环境，而非优化某个特定的目标。这提示我们在设计智能系统时，可能需要考虑更加灵活和动态的目标设定机制，以适应不断变化的环境和任务需求。

在这一过程中，赫布理论作为一种基于神经元活动的局部学习方法，为我们提供了新的启示。赫布理论强调了神经元之间的连接强度应该与它们的共同活动相关联，这种机制在一定程度上模拟了大脑中突触可塑性的基本原理。通过在线更新权重，赫布理论能够支持智能体在面对新环境和新任务时的快速适应和学习。

在 AI 的学术探索中，我们面临着一个根本性的问题：是否存在一个通用的目标函数，通过优化它我们能够实现智能？这一问题的探讨将我们带入对学习框架核心的深入思考。如果存在这样一个目标函数，它应当是对数据分布无偏的，意味着它应当是一个无模型的估计，符合信息理论的度量，如互信息或概率的似然。这要求我们更深入地研究和理解生物的学习机制，以及神经网络的学习方法，从而发现更有效的学习算法。同时，我们也需要重新思考优化目标函数的问题，探索更优的优化策略，以推动通用人工智能的发展。

在具身智能和通用人工智能的发展趋势探讨中，高维数据处理的挑战尤为突出。高维数据在建模和优化上带来的复杂性，是当前研究中的一个重要难题。如杨立昆在其文章《一条通往自主机器智能的道路》(*A Path Towards Autonomous Machine Intelligence*) 中提到的，高维概率分布的预测转换在计算上往往是难以处理的。这就需要我们在数据中自然地包含时间变量，从而引发一个问题：是否存在不需要时间参与的目标，使我们能够从静态数据中学习到规律？

在高维数据领域，如计算机视觉，我们尚未建立能够充分适应性的神经网络模型，目前的模型往往欠拟合。尽管一些基于流限制的方法能够在一定程度上对高维分布进行建模，但它们对分布类别的限制过强，无法学习到非常灵活的高维分布。近期，一些生成模型，如扩散模型，虽然能够从数据中取样，但它们无法真正建模数据的分布。例如，卡罗尔·马克 (Carol Mark) 提出的链模型 (chain model) 基于较长的窗口来构建模型，其核心思想是通过求解得分函数 (score function)，即图像概率分布的梯度，沿着梯度方向不断优化，以生成逼真的图像。然而，这些模型并没有完全解决图像生成的问题。

针对这些挑战，学术界进行了深入的探讨。杨立昆在其论文中提出了联合嵌入架构和潜在变量能量基础模型，这是一种退一步的思考方式。如果直接求解概率分布的困难过大，我们是否可以放弃为每一个可能的世界状态分配概率，转而采用能量基础模型，对那些不太可能的事情赋予高能量，对更可能的事情赋予低能量。能量本身不是一个可归一化的量，因此它不直接对应概率分布，但它提供了一种区分可能性大小的方法。这种方法可能更接近人类大脑处理信息的方式，我们不需要为所有不可能的事情分配非零概率，而是可以将它们视为不可能发生的事件。

最后，我们来进行深入思考和拓展，在 AI 的学术探索中，我们正逐步揭开智能的本质，探索其与生物学习机制的关联。本吉奥等人提出的生成流网络，以其独特的概率估计能力，为解决传统方法中难以处理的问题提供了新途径。该网络能够估计自由能、条件概率以及分区函数等概率量，尽管它可能存在某些限制，但它的出现无疑丰富了我们的理论工具库，并为解决实际问题提供了新的可能性。

在具身智能和通用人工智能的发展趋势中，我们不得不面对一个根本性问题：人脑是否会尝试预测所有感官信息的细节？然而，考虑到感官信息的海量和复杂性，以及人脑的高能效性，我们的生存依赖对信息的抽象和筛选。人脑构建了一个分层的抽象系统，专注于对生存和决策至关重要的高危信号，而非持续追踪所有细节。这种对信息的压缩和抽象，提示我们可能需要重新考虑通用目标函数的设定，将其与信息压缩而非单纯的预测联系起来。

近年来，从 OpenAI 到马毅的论文，都提出了信息压缩可能是一种首要原则。科技的历史也可以视为一种信息压缩的过程，从混乱现象到物理定律的发现，都是对世界运作方式的高度数学抽象。然而，信息压缩作为目标函数，面临着计算复杂性的问题，因为许多信息的复杂性和最小描述长度是不可计算的。尽管信息压缩和预测在理论上存在等价性，信息压缩的优势在于它似乎不需要表达时间的概念，从而具有更广泛的适用性。

此外，信息压缩和预测损失这两个目标函数都没有解答数据来源的问题，它们遗漏了主动信息获取的机制。人类通过主动探索世界，寻找降低对世界认知不确定性的数据源，从而学习新事物。行为概念在这一过程中扮演了关键角色，它不仅是人类与环境互动的基础，也是主动信息获取的重要方式。具身智能的研究强调，只有通过主动行为，智能体才能获取新知识，改变自身的认知模型，从而更好地理解和适应环境。同时，行为概念也与信息压缩紧密相关。通过行为，智能体可以改变环境状态，获取更多信息，实现信息的压缩。研究表明，信息压缩和行为选择之间存在深刻的联系，智能体倾向于选择那些能够最大化信息压缩的行为。

实际上，在深入探究 AI 的过程中，信息论和控制论为我们提供了理解智能化技术基本思想的重要视角。信息论的核心在于量化和优化信息的传输与处理，而控制论关注的是系统在变化环境中的稳定性和适应性。这两个理论框架为构建智能系统提供了基础性的原理和方法。

从信息论的角度来看，智能体可以被视为一个信息处理的系统，它不断地从环境中接收信息，处理这些信息，并作出决策以响应外部变化。信息压缩的概念，如前所述，是信息论中的一个关键概念，它指导我们寻找更加高效的信息表示方法。在 AI 领域，这意味着开发能够从大量数据中提取有用信息并进行有效决策的算法。例如，深度学习中的自动编码器就是一种利用信息压缩原理来学习数据低维表示的神经网络。

控制论则提供了一套分析和设计能够自我调节和适应的系统的方法。在智能系统的设计中，控制论的原理被用来构建具有反馈机制的算法，这些机制允许系统根据外部输入和内部状态来调整其行为。这种自我调节的能力是智能体能够持续学习和适应环境变化的关键。例如，强化学习算法正是受到控制论中最优控制问题的启发，通过与环境的交互来学习最优策略。

结合信息论和控制论的观点，我们可以认为，一个智能系统的设计应当追求在不确定性环境中的稳健性能。这意味着系统需要能够处理信息的不完整性和噪声，并能够在面对未知情况时保持性能。在这一背景下，生成模型，如变分自编码器和生成对抗网络，可以被视为智能体对环境的不确定性进行建模的尝试。这些模型不仅能够生成新的数据样本，还能够通过概率分布表达对环境的理解。

信息论和控制论的结合还启发了对智能体行为的经济学解读。在这种观点下，智能体被视为一个资源有限的决策者，它必须在有限的信息和计算资源下做出最优决策。这种资源限制导致了对算法的效率和泛化能力的要求，促使研究者开发出更加轻量级和鲁棒的模型。

此外，信息论和控制论的原理也被应用于多智能体系统的协同工作。在这些系统中，个体智能体需要通过通信和协作来解决复杂任务，这要求它们在保持个体决策效率的同时，实现集体行动的一致性和协调性。这种协同工作的能力，是智能系统能够在更大规模和更复杂环境中发挥作用的关键。

最后，随着 AI 技术的不断发展，我们越来越意识到伦理和社会责任的重要性。信息论和控制论不仅为我们提供了构建智能系统的理论基础，也提醒我们在设计智能系统时必须考虑其潜在的社会影响，确保技术的发展能够造福人类社会。

可以说，信息论和控制论为我们提供了理解和设计智能化技术的基本思想和工具。通过这些理论的指导，我们可以构建出更加智能、高效、稳健的系统，推动 AI 技术的持续进步，并为人类社会的发展做出贡献。

综上所述，具身智能和通用人工智能的发展需要我们深入理解人脑如何处理感官信息、进行预测和信息压缩，以及如何通过行为与环境互动。这些研究不仅有助于我们更深入地理解人脑的工作机制，也能为 AI 的发展提供新的思路和方法。通过跨学科的合作和创新，我们有望逐步构建出能够模拟人类智能的复杂系统，推动 AI 向更高层次发展。

具身智能的实践和前瞻

第十章

我们已经是"机器人"：
具身智能的实践应用

第一节　实践的必经之路

在 AI 的宏伟蓝图中，具身智能的理论与实践正逐渐成为推动技术进步的核心力量。本小节将探讨从具身智能理论到具身智能实践的必经之路，结合笔者多年在具身理论领域的研究和对 AI 的理解，从硬件资源需求、软件资源需求、具身智能的相关理论、具身智能的开发难点以及具身智能实践面临的各种挑战等方面，进行综合分析和深入探讨。

具身智能的实践离不开硬件资源的支撑。一个物理平台是具身智能的基础，它可以是机器人、无人驾驶车辆、无人机（UAV）等多种形式。这些平台的设计和制造必须考虑其在现实世界中的运行需求，包括耐用性、可靠性以及适应性。平台的大小、形状和性能直接影响具身智能的应用范围，从大型工业机器人执行重型作业到小型无人机执行侦察或监控任务，不同的平台设计对应不同的应用场景和功能需求。传感器是具身智能感知环境的关键，包括摄像头、激光雷达（LiDAR）、红外传感器、超声波传感器、触觉传感器等，它们为具身智能提供与环境互动所需的原始数据。这些传感器的数据收集和处理能力决定具身智能对环境的认知深度和反应速度。

执行器包括电动机、伺服机、气动或液压系统等，是具身智能与环境互动的另一个重要组成部分。执行器的选择和设计需要根据任务需求和环境限制来定制，以确保具身智能能够有效地执行预定动作和任务。电源系统是具身智能的能量之源，无论是太阳能板，还是燃料电池，都必须提供稳定和持续的电力，以保证具身智能的性能稳定性，可以长时间运行。计算硬件则构成了具身智能的数据处理大脑，包括中央处理器、图形处理器、硬盘、内存等。这些硬件的性能直接影响具身智能处理复杂任务的能力，是实现高级认知功能和决策制定的基石。

除了硬件资源，软件资源同样不可或缺。软件不仅包括操作系统和驱动程序，还包括用于数据处理、机器学习、感知—动作循环等高级算法和模型。软件的设计需要考虑算法的效率、鲁棒性及与硬件的兼容性。在 AI 广阔的领域中，具身智能的理论与实践正逐步融合，推动技术的进步与创新。具身智能的硬件需求是其物理存在的基础，而软件资源则是其智能行为的核心。从理论到实践的转变，不仅需要对具身智能的硬件平台有深刻理解，更依赖软件资源的丰富性与高效利用。

具身智能的软件资源需求包括从基础算法到高级应用的多个层面。机器学习和 AI 算法构成了具身智能的大脑，它们使机器能够处理大量数据并进行预测和决策。神经网络、深度学习、强化学习等技术的发展，赋予具身智能强大的数据处理和学习能力。TensorFlow 和 PyTorch 等深度学习框架的应用，极大地推动了具身智能算法的研究与实践。计算机视觉作为具身智能的视觉系统，使得机器能够感知和理解周围环境。OpenCV 等开源计算机视觉库提供了丰富的算法，支持图像处理、模式识别等关键功能。此外，高性能计算资源（如云计算平台）的引入，为处理大规模数据和复杂算法提供了强大的支持，这些平台的可扩展性赋予具身智能的实验和应用的灵活性。在具身智能系统投入使用之前，模拟环境的测试是不可或缺的环节。Gazebo 和 V-REP 等机器人模拟软件为开发者提供了一个安全且成本效益高的实验平台。开发和调试工具，如 Jupyter Notebook 和 Python 的调试工具 pdb，也为具身智能的开发提供了便利。

具身智能从理论研究到开发的环节是实现技术突破的关键。理论研究深入探讨了感知—动作循环、分布式智能、自适应性等基本原理，为具身智能的发展奠定了坚实的理论基础。应用研究则将这些理论应用于解决实际问题，如机器人技术、自动驾驶等领域，促进了具身智能技术的实用化和商业化。

算法和模型的开发是具身智能实践的核心。设计和优化神经网络结构、开发学习算法，以及实现模拟环境都是这一过程中的关键步骤。硬件和软件的协同开发同样重要，包括传感器和执行器的开发、软件架构和接口的设计以及系统集成和测试。

软件工程的技术哲学和思想为具身智能的发展提供了深刻的洞见。软件不仅是具身智能系统的组成部分，更是其智能行为的体现。软件的可维护性、可扩展性和用户友好性等特性，直接影响具身智能系统的实用性和普及性。海外对软件的深度技术哲学思考，特别是在模块化设计、接口标准化、软件生命周期管理等方面的研究，为具身智能软件的开发提供了宝贵的经验和指导。在探讨具身智能的软件工程时，技术哲学和思想提供了一种深刻的洞见，这些洞见不仅关乎软件的开发过程，还涉及软件如何成为具身智能系统的核心。软件不仅是一系列算法和代码的集合，还是具身智能行为的体现，它决定了系统的响应能力、适应性和与环境的交互方式。

软件工程的核心原则之一是可维护性。一个可维护的软件系统意味着其代码易于被理解和修改，这对于具身智能系统至关重要，因为它们需要不断地更新和优化，以适应不断变化的环境和任务。可维护性还涉及系统的文档化和模块化设计，这使得团队成员能够快速掌握系统的工作机制，从而有效地进行协作和迭代。可扩展性是软件工程的另一个关键特性，它允许软件系统在不影响现有功能的情况下添加新功能或处理更大的数据量。在具身智能领域，这意味着系统能够适应新的传感器、执行器或算法，而不需要重写整个软件基础。这种能力对于具身智能系统的长期发展和应用至关重要。用户友好性则确保了具身智能系统能够被广泛的用户群体所接受和使用，不仅包括直观的用户界面设计, 还包括系统对于非专业用户的可访问性和易用性。通过提供良好的用户体验, 具身智能系统更有可能被集成到日常生活和工作中, 从而实现其潜力。

海外对软件深度技术的哲学思考, 尤其是在模块化设计、接口标准化、软件生命周期管理等方面的研究, 为具身智能软件的开发提供了宝贵的经验和指导。模块化设计通过将系统分解为独立的、可重用的部分, 提高了软件的灵活性和可维护性。接口标准化则确保了不同模块或系统之间的兼容性和互操作性, 这对于构建大型、复杂的具身智能系统尤为重要。软件生命周期管理涵盖了软件从概念到退役的整个过程, 包括需求分析、设计、编码、测试、部署、维护和升级。通过采用系统化的方法管理软件生命周期, 开发团队能够确保软件项目按时、按预算完成并满足用户的需求。此外, 软件生命周期管理还强调了持续集成和持续部署的重要性, 这有助于软件的快速迭代和具身智能系统的改进。

在具身智能的背景下, 软件工程的技术哲学和思想还涉及对系统行为的深入理解, 包括对智能行为的预测、规划和反应的建模以及对环境变化的适应性。通过将这些软件工程原则应用于具身智能系统, 我们可以构建出更加智能、灵活和可靠的机器, 它们能够更好地理解并与人类世界互动。

综上所述, 软件工程的技术哲学和思想为具身智能的发展提供了坚实的理论基础和实践指导。通过强调可维护性、可扩展性和用户友好性, 采用模块化设计、接口标准化和软件生命周期管理等原则，我们可以开发出更加高效、灵活和用户友好的具身智能系统。这些系统不仅能执行复杂的任务，还能适应不断变化的环境，最终实现与人类更加紧密和有效的协作。

最后，除了以上具身智能实践具体的关注点，还存在一系列我们已经面临且值得关注的挑战。如果能应对好以下挑战，我们将离真正的具身智能越来越近。技术层面的挑战首先体现在算法的复杂性上，深度学习和强化学习等先进算法在赋予具身智能强大的数据处理能力的同时，也带来了大量训练数据和计算资源的需求。这些算法的调试和解释难度较大，且在实时或近实时反应的要求下，对计算资源的依赖可能受到硬件性能的限制。

传感器和执行器的性能限制同样不容忽视。具身智能系统的精确性和响应速度在很大程度上依赖传感器的精度和执行器的力量及速度，当前的硬件可能尚未达到理想状态。此外，硬件的高昂成本（尤其是处理器、传感器和执行器等核心组件）也是推广具身智能应用的障碍之一。可靠性问题也亟待解决，具身智能系统需要在多变的环境中稳定运行，这对硬件的耐用性提出了更高要求。

系统集成的复杂性也是具身智能发展中的一个难题。将硬件和软件有效集成，确保硬件与软件的兼容性、数据同步等，是实现高效稳定运作的关键。然而，这一过程可能面临众多技术和管理上的挑战。

在社会层面，具身智能的批量应用可能引发公众的广泛反响，这些反响与人类进入信息时代初期所面临的问题相似。公众接受度是一个重要因素，人们对具身智能可能存在的问题，如隐私泄露、安全风险和就业影响等，需要通过透明的沟通和积极的教育来解决。政策和法规的制定也是关键，它们对数据使用、机器人责任归属等重要问题产生影响。此外，具身智能的发展还涉及一系列伦理问题，如机器人的道德地位、责任和权利等，这些问题需要深入的社会讨论和伦理审视。

在经济性理论的研究中，具身智能的成本效益分析是一个重要议题。随着技术的进步和规模化生产的实现，具身智能系统的整体成本有望降低，从而提高其经济性。同时，通过提高能效比和优化设计，可以进一步降低能耗和运营成本。然而，具身智能的经济性不仅关乎成本，还与具身智能系统带来的潜在经济价值，如提高生产效率、降低人力成本、改善服务质量等相关。

面对这些挑战，我们需要持续进行研究、创新以及跨学科合作。通过不断的技术迭代和优化，结合经济性理论的指导，我们可以逐步攻克现有难题，推动具身智能系统的实际应用。

第二节　具身智能在生活中的应用现状

在 21 世纪的经济发展中，低空经济正逐渐成为一个新兴且充满活力的领域。低空经济指的是利用低空空域进行的各种商业和民用活动，包括但不限于无人机物流、空中出租车服务、遥感测绘、农业监测等。具身智能作为 AI 的一个重要分支，其在低空经济中的应用前景尤为广阔。接下来，我们将从低空经济的视角，探讨具身智能的技术演化及其在推动低空经济发展中的潜在作用。

具身智能的核心在于将智能系统与物理实体紧密结合，使其能够通过感知、认知和动作执行与环境进行交互。这种智能形式不仅需要强大的数据处理能力，还需要精准的环境感知和实时的决策制定能力。在低空经济的背景下，具身智能的应用可以极大地提高低空空间的利用效率和安全性。

首先，无人机物流是低空经济中最具潜力的应用之一。具身智能技术可以使无人机实现自主导航、路径规划和障碍物规避，从而在城市和偏远地区提供高效、低成本的物流服务。通过深度学习和强化学习，无人机能够不断优化其飞行策略，以适应多变的环境条件和复杂的飞行任务。

其次，空中出租车服务是低空经济的另一个重要方向。具身智能技术可以帮助空中出租车实现自动起飞、降落和巡航，减少对飞行员的依赖。同时，通过高级的感知和决策系统，空中出租车能够在复杂的城市环境中安全地进行点对点运输，为城市交通提供新的解决方案。

此外，遥感测绘和农业监测也是低空经济的重要组成部分。具身智能技术可以提高无人机在遥感测绘中的精度和效率，为城市规划、环境监测和灾害评估提供实时、高分辨率的数据。在农业领域，具身智能技术可以帮助无人机进行作物监测、病虫害防治和农药喷洒,提高农业生产的智能化水平。

然而,随着具身智能在低空经济中的应用不断深入,也带来了一系列技术和管理上的挑战。例如,如何确保无人机在复杂低空环境中的飞行安全,如何保护个人隐私和数据安全,以及如何制定合理的空域管理和飞行规则等。这些问题需要政府、企业和学术界共同努力,通过技术创新和政策制定来解决。

在技术层面,具身智能的发展需要在感知、认知和动作执行等方面取得突破。例如:开发更先进的传感器和感知算法,提高无人机的环境感知能力;设计更高效的数据处理和决策制定算法,提高无人机的自主决策水平;研发更灵活、更可靠的执行机构,提高无人机的动作执行精度。

在管理层面,我们需要建立一套完善的低空经济管理体制,包括划分空域、制定飞行规则、安全监管和保护隐私等。这需要政府、企业和学术界的紧密合作,通过跨学科的研究和政策制定,为低空经济的健康发展提供支持。

总之,低空经济为具身智能提供了广阔的应用场景和巨大的发展潜力。通过技术创新和政策支持,具身智能有望在低空经济中发挥关键作用,推动经济的数字化、智能化转型。同时,我们也需要关注具身智能在低空经济中应用可能带来的风险和挑战,通过科学管理和合理规划,确保低空经济的可持续发展。

除此之外,自动驾驶技术作为具身智能领域的一颗璀璨明珠,正引领着交通和运输行业的未来。这些被称为"自主汽车"的智能体,通过集成先进的传感器套件和 AI 算法,实现对复杂交通环境的感知、路径规划和驾驶决策。在自动驾驶车辆中，雷达、激光雷达和摄像头等传感器收集的信息被输入到深度学习模型中，使车辆能够识别和理解周围环境中的其他车辆、行人、路标和道路状况，从而实现精确的环境感知。基于这些信息，车辆能够制定出最优的行驶路线，并在驾驶过程中实时做出复杂的决策，如变道、减速或停车。具身智能的另一个显著优势在于其赋予自动驾驶车辆学习和适应的能力。通过机器学习，车辆能够从驾驶经验中学习，不断改进其环境感知、路径规划和驾驶决策的能力。这种学习过程使车辆能够识别新的道路标记，甚至在恶劣天气条件下如雨天或雪天中也能安全行驶，显著提高了自动驾驶车辆的安全性和效率。

在智能制造领域，具身智能同样展现出强大的潜力。通过具身智能技术，自动化生产线上的智能机械手臂能够执行装配、焊接、包装等复杂任务，并通过不断学习和适应提高操作的精度和效率。在装配线上，这些机械手臂展现出高度的灵活性和适应性，能够精确地抓取和安装零件，甚至进行微小的调整。它们可以全年无休地运行，极大地提高了生产效率。在焊接作业中，具身智能的机械手臂通过学习，模仿人类焊工的动作，快速掌握焊接技巧，减少浪费和错误，提高产品质量。在包装流程中，它们能够快速、准确地处理各种形状和大小的产品，提高包装的速度和精度，降低产品损坏的可能性。具身智能机械手臂的学习能力是其在工业生产中广泛应用的关键。通过机器学习和 AI 技术，它能够从每一次操作中学习，不断提高精度和效率，适应新的任务和环境。这种学习能力不仅提高了生产效率，还为制造业的转型升级提供了强大的技术支撑。

智能制造的核心目标是提高生产的灵活性和效率，同时降低成本和资源消耗。具身智能在这一过程中扮演着至关重要的角色。通过集成先进的传感器、机器视觉系统和 AI 算法，智能制造系统能够实时监测生产环境，自动调整生产流程，优化资源分配，并实现个性化定制。这种智能系统能够响应市场变化，快速适应新的生产需求，为用户提供更加个性化和高质量的产品。在智能制造的工厂中，具身智能的应用场景无处不在。例如，智能机器人可以执行精确的装配任务，通过学习和适应提高操作的精度和效率。这些机器人利用机器视觉来识别和定位零件，利用力觉传感器来调整抓握力度，确保装配过程的平稳和准确。在焊接、喷涂、打磨等工序中，具身智能同样发挥着重要作用。智能机械手臂可以通过模仿人类工匠的动作，学习并掌握复杂的技能，提高生产质量和一致性。此外，智能制造系统中的自主运输车辆（AGV）和无人机也是具身智能的典型应用。这些设备能够在复杂的工厂环境中自主导航，进行物料搬运和质量检测。通过搭载先进的传感器和控制系统，自主运输车辆和无人机能够感知周围环境，避免碰撞，优化路径规划，提高运输效率。

在工业 4.0 的浪潮中，具身智能正成为推动个性化制造的关键力量。智能 3D 打印机作为这一变革的先锋，不仅能够理解用户的设计需求，还能自动优化打印参数，显著提升打印质量和效率。通过机器学习和 AI 技术，智能 3D 打印机能够解析用户输入的 3D 模型或设计图，将其转化为打印指令。此外，打印机还能根据设计的复杂度、材料特性、速度和精度要求，自动调整打印头的速度、温度和高度等参数，实现打印过程的智能优化。更重要的是，智能 3D 打印机具备自我学习和改进的能力，可以根据用户反馈不断调整参数和算法，以满足个性化制造的高标准要求。智能 3D 打印技术的影响力是颠覆性的，它不仅改变了产品的制造方式，还为设计师和工程师提供了无限的创造可能性。在接下来的章节中，我们将深入探讨 3D 打印及建模技术在具身智能创建过程中的理论基础、应用方法以及面临的挑战和解决方案。

　　具身智能的触角也延伸到消费电子产品领域，智能眼镜便是一个典型的例子。这种设备通过集成先进的 AI 和具身智能技术，理解并响应用户的需求，提供导航、翻译、信息检索等多样化服务。智能眼镜的导航功能可以提供实时路线指引，帮助用户以最快捷的方式到达目的地，其翻译服务能够将用户看到或听到的外语即时翻译成母语，极大地便利了国际交流和旅行。信息检索服务则允许用户通过语音或手势查询天气、新闻、股票等信息，智能眼镜会迅速从云端获取数据并展示给用户。智能眼镜的这些功能基于其对用户行为和环境的感知能力，通过集成的传感器和摄像头捕捉信息，再利用 AI 和机器学习算法进行处理和响应。这种高度的智能化和个性化服务，不仅提升了用户体验，还展示了具身智能技术在消费电子领域的广泛应用潜力。

　　综上所述，具身智能技术已经在自动驾驶、工业制造、智能辅助、金融服务以及消费电子产品等领域展现出强大的影响力。随着技术的不断进步和创新，我们可以预见，未来将出现更多融入具身智能的设备和系统，它们将继续改变我们的生活和工作方式，为我们带来更加智能和便捷的生活体验。

第三节　具身智能实践的应用潜力

在这个科技飞速发展的时代，我们正处于一场关于自我认知与身体感知的深刻变革之中。技术的进步不仅重塑着我们的日常生活，更在根本上扩展了我们对自我存在和身体空间性的认知。这一变革融合了神经科学、心理学、计算机科学和工程学等学科的前沿知识，为我们打开了通往无限认知领域的大门。

自我意识的演变是这一变革的核心。自我意识作为个体认识和理解自身的核心，是我们内在感觉的微妙体现。在数字化时代，随着网络和社交媒体的兴起，我们的自我意识正在经历显著的转变。在虚拟空间中，个体能够超越物理形态的限制，以数字化的形式自由表达思想和情感，实现自我意识的扩展。这种数字化的自我表达和社交互动不仅拓宽了我们的社交圈，也为我们提供了重新审视自我意识的视角。我们开始思考，当自我意识能够在虚拟世界中独立存在时，我们对"自我"的理解将如何变化。身体存在感的变革同样引人注目。身体存在感，即我们对自身在世界中存在的感知，是我们与世界互动的基础。然而，新兴技术如神经植入物正在挑战这一感知的传统界限。通过这些技术，我们不仅能感知和控制自己的身体，还能与外部设备进行交互，从而扩展我们的身体存在感。这种技术进步，使我们能够超越生物学的限制，以前所未有的方式感知世界，增强我们与环境的互动。例如，通过脑机接口技术，我们能够控制假肢或无人机，甚至在没有直接视觉输入的情况下感知外界环境，这种能力极大地扩展了我们的身体和感知边界。

虚拟现实和增强现实技术，更是在这一变革中扮演了重要角色。它们通过创造沉浸式的虚拟环境，让我们以全新的方式体验自我和世界。在这些环境中，我们能够自由探索、体验和互动，这些体验不仅丰富了我们的感知，也在根本上重塑了我们的自我意识和身体存在感。虚拟现实和增强现实技术的应用不仅限于娱乐和游戏，它们在教育、医疗、设计和培训等领域的潜力同样巨大。通过这些技术，我们能够模拟复杂的手术过程、重现历史事件、设计复杂的建筑结构，甚至进行太空探索的模拟训练。

因此，科技的进步不仅是工具和机械的创新，还在深层次上影响我们的自我意识和身体存在感。理解这些影响，对于我们把握技术发展趋势、引导技术应用方向，乃至塑造我们的思维和感知模式都至关重要。随着技术的不断演进，其对我们生活的影响将更加深远。未来，我们的自我意识和身体存在感可能会与技术进一步融合，我们的存在感可能不再局限于物理世界，而是扩展到虚拟世界，甚至是整个网络空间。

　　然而,这场由技术引发的自我与身体的感知革命也带来了一系列的挑战和问题。例如,我们如何确保技术的发展不会侵犯个人隐私和安全?我们如何平衡虚拟世界和现实世界之间的互动,避免过度沉迷或脱节?我们如何教育和培养下一代,以适应这一变革带来的新需求和技能?这些问题需要我们共同思考和解决。此外,随着技术的发展,我们对自我意识和身体存在感的理解也在不断深化。未来的研究可能会探索如何通过技术增强人类的认知能力,如何通过脑机接口实现更深层次的人机交互,甚至是如何通过 AI 实现对人类意识的模拟和扩展。这些研究不仅具有重大的科学价值,也充满了伦理和哲学的挑战。

　　总之,我们正处在一个由技术驱动的自我与身体感知革命的前沿。这场革命正在重新定义我们对自我存在和身体空间性的认知,为我们打开了通往无限认知领域的大门。我们必须审慎地引导技术的发展,确保它能够服务于人类的最佳利益,并促进个体的全面发展。随着我们对自我意识和身体存在感理解的不断深化,我们将更好地为迎接由智能技术深刻影响的未来做好准备。

　　随着科技的不断进步,我们正经历一场关于自我认知与身体感知的革命。这场革命不仅重塑了我们对自我存在和身体空间性的理解,也在改变我们与世界的互动方式。远程通信技术,如电话、电视和互联网,已经成为我们日常生活中不可或缺的一部分,它们突破了空间和时间的限制,使得实时的、跨地理的交流成为可能。这种技术的发展不仅极大地影响了我们的社交行为,也拓宽了我们的世界观,让我们能够接触更多信息和知识。

虚拟现实技术则进一步推动了这一变革。通过创造沉浸式的虚拟环境，虚拟现实技术为我们提供了一种全新的感知和体验方式。它使我们能够探索那些在现实生活中难以接触的环境，如深海和宇宙，极大地丰富了我们的感知内容，并扩展了我们的认知边界。这种创新的感知方式，正在逐步改变我们的行为模式和社交习惯，甚至影响着我们的思维方式。

远程通信技术的发展，使得我们能够在任何时间、任何地点进行交流，这种即时的、跨越地理边界的交流方式，已经逐渐成为我们日常生活的一部分。我们开始习惯这种新型的交流模式并将其融入我们的日常生活。这种变化不仅体现在我们的交流方式上，也体现在我们的感知方式和认知范围上。

然而，这些技术带来的变化并不仅仅停留在感知层面。它们同样对我们的社会互动和个人身份认同产生了深远的影响。在虚拟世界中，我们可以自由地构建和展示自我，这种自我表达和社交互动的数字化使我们的自我意识得到了前所未有的扩展。同时，神经植入物等技术的发展，使我们能够感知和控制原本无法感知和控制的身体部位，甚至是外部设备，这种技术的应用，实际上是对身体存在感的一种扩展和增强。

总体而言，远程通信和虚拟现实技术正在深刻地改变我们的感知方式和世界观。这种改变不仅体现在我们的交流方式上，也体现在我们的感知方式和认知范围上。随着科技的快速发展，未来的世界将会更加丰富多彩，充满无限可能。我们期待着，通过科技的力量，我们能够拥有更广阔的视野、更深厚的理解和更丰富的体验，从而更好地理解和把握这个世界。同时，我们也必须审慎地引导技术的发展，确保它能够服务于人类的最佳利益并促进个体的全面发展。随着我们对自我意识和身体存在感理解的不断深化，我们将更好地为迎接一个由智能技术深刻影响的未来做好准备。

在探讨了远程通信和虚拟现实技术如何重塑我们的感知方式之后，让我们进一步拓宽视野，深入讨论科技（尤其是社交媒体、AI 和机器学习）是如何深刻地影响我们的自我认知和身份构建的。

社交媒体作为数字时代的产物，已经成为现代社会中个体表达和社交互动的重要平台。它赋予了用户前所未有的自由度，使用户能够选择性地呈现自我，塑造希望被他人所看到的形象。这种自我呈现的方式，不仅改变了我们的交流模式，更对我们的自我认知产生了深远的影响。在社交媒体上，我们的行为、关注的内容和互动的模式，都在不断地塑造和重塑着我们的社会身份。因此，社交媒体不仅是一个技术平台，也已经成为我们自我认知和身份构建的关键因素。

AI 和机器学习技术的发展，更是以前所未有的方式改变着我们的生活和认知。这些技术通过模拟和预测人类的思维与行为，为我们提供了一个全新的视角来理解人类自身。AI 在决策过程中的应用，机器学习在模拟学习过程中的算法，都在帮助我们深入理解人类的认知机制。这些技术不仅加深了我们对人类行为的理解，也对我们的自我认知产生了影响。它们使我们能够更加客观地审视自己的思维模式和行为习惯，从而有机会进行自我改进和成长。

然而，这些技术对自我认知和身份构建的影响并不总是积极的。它们在提供自我表达和学习机会的同时，也可能导致我们过度依赖技术，使我们忽视真实世界的体验和人际交往的重要性。因此，我们需要对这种技术的影响有一个清晰的认识并寻求平衡，既要充分利用技术带来的便利，也要规避其潜在的风险。

在技术不断发展的今天，我们的自我认知和身份构建正在经历深刻的变化。这种变化不仅体现在我们如何通过社交媒体呈现自我，也体现在我们如何通过 AI 和机器学习技术来理解和提升自我。理解这种影响，对我们把握技术的发展，引导技术的应用乃至塑造我们的自我认知和身份都具有重要的意义。面对未来，随着新技术的不断涌现，技术对我们生活的影响将会更加深入和广泛。我们不能被技术的发展主导，而应积极参与和引导这一过程，确保技术的发展能够真正服务于我们的需求和利益。我们需要学会如何在社交媒体中塑造和保护我们的身份，如何利用 AI 和机器学习来拓宽我们的认知边界，与此同时，保持我们的独立思考和判断能力。这是一个需要我们共同面对和解决的挑战，也是我们作为智能时代个体必须承担的责任。通过这样的努力，我们可以确保技术成为推动个人成长和社会进步的积极力量。

第十一章

揭秘空间智能：人工智能的新视觉之旅

第一节　空间智能的理论前沿与技术进展

在英伟达 GTC 2024 大会上，华人科学家李飞飞教授提出了一个关于空间智能的前瞻性观点，她认为要想创造出真正的空间智能，关键在于要依据大语言模型的尺度定律训练多模态数据。这一观点表明随着世界数据量的增加，未来的模型将变得更加庞大和复杂，而结构化建模（尤其是那些偏向于三维感知和结构的模型）将成为与大数据结合的重要途径。这种方法不仅能处理和分析海量数据，还能在结构化层面上提供更深层次的理解。

在技术层面，三维重建技术和空间感知技术构成了空间智能的两大支柱。三维重建技术将现实世界的物体和场景转换为精确的三维模型，为虚拟对象提供了一个高度仿真的数字蓝图，不仅增强了虚拟内容的真实感，也为设计师、工程师和研究人员提供了强大的工具，以在虚拟环境中模拟和测试现实世界的对象。此外，空间感知技术则为增强现实和虚拟现实应用赋予了精确的定位和导航能力，使用户能够在虚拟和现实世界之间无缝交互。

李飞飞教授提出的"空间智能"概念正在从理论走向实践，这一转变标志着 AI 领域的一大飞跃。空间智能的核心在于机器能够模拟人类的复杂视觉推理和行动规划能力，而"纯视觉推理"的实现则是机器人领域的一个巨大突破。这种技术使得机器人能够在没有多种传感器辅助的情况下，通过视觉信息直接理解和操作 3D 世界。

空间智能的理论前沿与技术进展正在成为学术界关注的焦点。它不仅涉及机器对空间环境的理解和操作，还是实现高级智能行为的关键。随着技术的不断进步，空间智能在多个领域展现出其巨大的应用潜力和深远的学术价值，其应用前景无限广阔。此外，空间智能的发展还带来了对算法和硬件的新要求。为了处理和分析大量的多模态数据，需要设计出更加高效的算法，这些算法需要具备在专门的硬件上运行的能力，以满足实时性的需求。同时，空间智能的发展也需要进行包括计算机科学、认知科学、神经科学和工程学等领域的跨学科合作，需要专家们的共同努力。

展望未来，空间智能有望成为智能系统的核心，推动 AI 向更高层次的自动化和智能化发展。通过模拟人类的感知和推理能力，空间智能将使机器能够更好地理解和并与复杂的三维世界互动，为人类社会带来更加丰富和便捷的生活体验。随着研究的深入和技术的成熟，空间智能将开辟 AI 的新纪元，成为推动未来科技发展的关键力量。本章将重点讨论与空间智能相关的技术思想和研究。

首先，空间智能与具身智能的结合为机器人的自主性和灵活性提供了前所未有的可能，正在开启机器人技术的新纪元。具身智能的核心在于令机器人对物理世界产生深入理解并具备一定的操作能力。李飞飞教授提出的"空间智能算法"可以将视觉数据直接转化为行动规划，省略对额外传感器或训练数据的依赖，从而显著简化机器人的决策流程。这一技术突破意味着之前对计算能力的巨大投资可能不再是必需的，因为机器人现在能够在没有预先训练的情况下直接执行复杂的任务。

空间智能的应用前景在元宇宙领域同样展现出巨大的潜力。空间计算作为空间智能的核心技术，使得机器能够保留对真实物体和空间的信息，以此为参照进行操作，这种能力是实现数字内容与物理世界无缝融合的基础。苹果公司研发的新型虚拟现实头显 Apple Vision Pro 便是一个典型案例，它通过先进的空间计算技术，使用户能够以更自然的方式与虚拟对象互动，实现了从传统屏幕交互到三维空间交互的转变，并为构建沉浸式的元宇宙体验提供了新的可能。

在分析空间智能相关的技术发展时，我们可以看到几个关键技术正在逐渐成熟。三维重建技术通过从二维影像中恢复三维信息为虚拟世界和现实世界之间的交互提供了桥梁。空间感知技术则通过校准传感器数据，获取物体在空间中的状态，为增强现实导航和多人协作等应用奠定了基础。此外，用户感知技术不仅涉及对用户行为的捕捉和分析，还包括基于这些信息的认知引导和交互驱动，极大地丰富了人机交互的深度和自然性。空间数据管理技术则关注于如何高效地存储、检索、可视化和保护空间数据，这对于描述现实世界中的目标和环境至关重要。随着 5G 等高速通信技术的发展，空间计算还可以实现端计算、云计算以及云边端协同计算，进一步提高了计算效率和应用的灵活性。

综上所述，空间智能的发展正在多个技术领域内推动创新，它不仅极大地提升了机器人的自主性，还为元宇宙的构建提供了强大的技术支撑。随着这些技术的不断进步和融合，空间智能有望成为未来智能系统的核心，为人类社会带来更加智能化和自动化的体验。

其次，空间智能的理论探索核心在于空间认知的神经机制，这是理解大脑如何处理空间信息的关键。神经科学的研究已经揭示了大脑中海马体和周围结构在空间记忆和导航中的作用，这些发现对于开发能够模拟人类空间认知能力的计算模型至关重要。它们不仅为治疗与空间认知相关的神经退行性疾病提供了潜在的线索，还为 AI 领域中空间智能算法的设计提供了宝贵的生物学灵感。随着大数据时代的到来，空间数据分析面临着从海量数据中提取有价值信息的挑战。机器学习和数据挖掘技术的发展（尤其是深度学习在图像识别和模式识别中的应用）为这一挑战提供了强有力的解决方案。这些技术使得我们能够更准确地分析和理解空间数据，从而显著提升空间智能系统的性能。

在智能系统的应用实践中，空间智能扮演着至关重要的角色。例如，在智能城市规划和自动驾驶系统中，空间智能技术的应用使得机器能够更深入地理解和预测城市空间的使用模式，优化交通流量并提高道路安全性。此外，空间智能也在机器人路径规划、空间探索和救援操作等场景中展现出其独特的价值，它通过提供精确的定位和导航能力，极大地增强了机器人的自主性和效率。

空间智能的发展还涉及多模态数据的融合与处理，这要求算法能够整合来自不同传感器和数据源的信息，以获得对环境的全面理解。例如结合视觉、触觉和声音等多种感官输入，可以使机器人更加精准地识别和操作物体，即使在复杂或动态变化的环境中也能保持高效运作。展望未来，空间智能有望在更多领域展现其潜力，如智能家居、健康监护、环境监测等。随着技术的不断成熟和应用的不断扩展，空间智能将成为推动智能系统向更高的自动化和智能化水平发展的关键驱动力。

最后，我们需要关注空间智能的基本技术——空间计算。空间计算作为一种新兴的计算范式，正逐渐成为 AI 和计算机视觉领域的一个重要分支。它的核心在于将虚拟体验无缝融入物理世界，通过使用 AI、计算机视觉和扩展现实技术，实现对三维空间的深度理解和智能交互，这一过程不仅摆脱了传统屏幕的限制，还使得所有表面都有可能转变为交互界面，极大地扩展了计算的可能性和应用范围。

空间智能的探索代表着 AI 领域一个激动人心的前沿，其核心目标不仅是对场景进行抽象理解，还在于实时捕捉和正确表示三维空间中的信息，以实现精准的解释和行动。这一目标的实现考验着多领域软硬件的综合能力，要求从传感器到算法，再到数据处理和用户交互的每个环节都达到高度的协同和优化。空间计算作为实现空间智能的关键技术，包括三维重建、空间感知、用户感知和空间数据管理等一系列技术，它们共同构成了人类、虚拟生物或机器人在真实或虚拟世界中移动和交互的基础。随着硬件功能的不断提升，空间计算能够提供更为身临其境和交互式的数字体验。设备利用实时 3D 渲染技术在三维空间中生成虚拟对象，结合摄像头计算机视觉或激光雷达技术，实时扫描周围环境并计算物体的空间位置，通过空间跟踪生成点云，实现对数字内容的沉浸式自然交互。

美国参数技术公司（PTC）将空间计算定义为涉及机器、人、物体及其发生环境的数字化，目的是实现和优化操作和交互。这一定义揭示了空间计算的广泛性和深远影响。

最初，空间计算主要指对地图及其他地理位置数据进行计算和分析的技术，广泛应用于全球卫星定位系统（GPS）和地理信息系统（GIS）等宏观领域。然而，随着扩展现实、虚拟人、数字孪生等技术的发展，微观空间的计算需求也在逐渐增加，空间计算的概念和应用范围得到了极大的扩展。

空间计算的关键技术包括三维重建、空间感知、用户感知和空间数据管理等。三维重建技术利用二维投影或影像恢复物体的三维信息（包括形状、纹理等），是虚拟世界和现实世界交互的基础。空间感知技术则关注获取人、物在空间中的状态，如位置、方向、速度等，并建立周围环境的几何和语义模型，为 AR 导航、AR 多人协作及多种空间应用提供了基础。用户感知技术则涉及对用户形象、状态、行为表达等信息的捕捉、分析与理解，并在此基础上进行认知引导和交互驱动，极大地提升了用户体验。空间数据管理技术是空间计算的另一个重要组成部分，包括数据存储管理、数据高效检索、数据可视化支撑和数据安全技术等，为空间数据的收集、处理、存储和应用提供了强有力的支持。

总体而言，空间计算作为一种以 3D 为中心的计算形式，正在引领一场计算领域的革命。它通过将虚拟体验融入物理世界，极大地扩展了计算的可能性和应用范围。随着相关技术的不断进步和应用的不断深入，空间计算有望在未来的智能系统中发挥更加重要的作用，为人类社会带来更加智能化和自动化的未来。空间智能的理论前沿与技术进展则是一个充满挑战和机遇的研究领域。随着技术的不断发展，我们有理由相信，空间智能将在未来发挥更加重要的作用，不仅在科学研究中，在社会的各个领域中都将展现其独特的价值。让我们期待并共同努力，推动空间智能技术向更加智能、人性化的方向发展。

第二节　人工智能大模型与空间智能的融合

在 AI 的演进历程中，"空间智能"正逐渐显露其在具身智能和元宇宙构建中的关键作用。这一概念与具身智能紧密相连，但又展现出独到之处。具身智能是指基于物理实体进行感知和行动的智能系统，它通过智能体与环境的互动来获取信息、理解问题、做出决策并执行行动，从而展现出智能行为和适应性。这种智能体不仅关注机器人的感知和交互，而且致力于从环境交互的数据中学习，获得执行物理任务的能力，强调物理实体通过与环境互动获得智能的 AI 研究范式。

空间智能的探索代表一种全新的计算模式，旨在将虚拟体验与物理世界紧密结合。这一领域的研究工作，特别是李飞飞教授领导的斯坦福大学实验室所进行的研究，为空间智能算法的发展方向提供了重要线索。他们致力于教授计算机如何在三维世界中行动，通过一系列创新性的研究工作，推动了空间智能的理论和实践发展。在这一过程中，空间智能的核心目标是实现机器对空间环境的深入理解和智能交互，这不仅要求机器能够感知和解释三维空间中的信息，还要求其能够基于这些信息做出合理的决策和行动。这一目标的实现需要跨越传感器技术、算法设计、数据处理和用户交互等领域的技术突破。

此外，空间智能在元宇宙的构建中也展现出巨大的潜力。元宇宙作为一个虚拟的、由增强现实、虚拟现实和互联网技术共同构建的宇宙，其核心在于提供沉浸式的用户体验。空间智能通过精确的三维重建、空间感知和用户感知技术，使得用户能够在元宇宙中享受更加自然和直观的交互方式。随着技术的不断进步，空间智能有望在多个领域展现其潜力。通过模拟人类的感知和推理能力，空间智能将使机器能够更好地理解并与复杂的三维世界互动，为人类社会带来更加智能化和自动化的未来。

总体而言，空间智能作为 AI 领域的一个新兴分支，正在逐渐成为推动技术进步的新引擎。随着相关技术的不断发展和应用的不断深入，空间智能有望在未来的智能系统中发挥核心作用，为人类社会带来更加智能化和自动化的体验。我们接下来看看 AI 大模型与空间智能相关的技术应用和创新。

VoxPoser 系统的推出是空间智能研究的一个重要里程碑。这一系统能够将复杂的指令转化为机器人的具体行动规划，不需要依赖额外的数据或训练。VoxPoser 的核心创新之处在于，它不采用传统的大型语言模型（LLM）和视觉语言模型（VLM）的端到端控制方法，而是通过将机器人的观测空间转换为 3D 制图，使用路径搜索算法生成机器人的运动路径。这种方法使机器人能够根据自然语言指令来生成轨迹，减少了对预定义动作原语的依赖，从而提高机器人的自主性和灵活性。然而，VoxPoser 系统在底层运动规划器的泛化能力和场景理解方面存在局限性，这提示了未来研究需要在这些方面进行更深入的探索。李飞飞团队发布的 Behavior-1K 模拟数据集，定义了 1 000 种日常活动，并在多样化的场景中标注了具有丰富物理和语义属性的物体，为空间智能的研究提供了宝贵的数据资源。此外，Wild2Avatar 模型的提出，展现了在遮挡情况下高保真渲染人体的能力，这一成果在神经渲染领域具有重要意义，为空间智能在复杂场景中的应用提供了新的视角。

与此同时，视觉空间推理方向的研究也取得了显著进展。例如，DeepMind 团队提出的 SpatialVLM 系统，旨在通过大规模空间视觉问答（VQA）数据集的训练，增强视觉语言模型的空间推理能力。这一研究假设当前模型的空间推理限制可能源于训练数据集的局限性，而非模型架构本身。SpatialVLM 系统的提出不仅推动了视觉语言模型在空间推理方面的发展，还通过结合高层常识推理，实现了更为复杂的链式思维空间推理。

在深度探索空间智能的技术思想之后，我们认识到这不仅是对现有技术的简单扩展，而是一种全新的思考方式。它要求我们重新审视智能体与环境之间的关系，对机器人和虚拟世界的交互方式进行重新定义，推动我们向着更高层次的自动化和智能化迈进。随着技术的不断成熟，空间智能有望成为未来智能系统的核心，为人类社会带来深远的影响。

在具身智能的研究路径中，具身执行策略的多样性体现了空间智能的复杂性和挑战性。直接控制方法利用大型语言模型或视觉语言模型（VLMs）来控制智能体，避免与行动数据的微调，尽管这在当前仍是一个具有挑战性的方向。运动规划作为导航任务的核心，通过使用 LLMs 评估扩展前沿，即探索中的潜在路径点，为机器人的自主导航提供了新的解决方案。李飞飞团队的 VoxPoser 项目则通过应用 VLMs 获取用于运动规划的可操作功能函数，展示了空间智能在行动规划方面的应用潜力。

在 AI 领域中，大型语言模型的潜力正在被不断挖掘和测试。研究者探索了使用 LLMs 直接输出较低层级行动的可能性，其中

Prompt2Walk 项目通过少量提示直接输出关节角度，这一尝试揭示了 LLMs 在低层次控制方面的潜力。然而，这种方法在不同智能体形态的普适性上仍面临挑战，需要更多研究来攻克。与此同时，另一种方法是将语言转化为奖励，通过使用 LLMs 生成强化学习策略的奖励函数，如 Eureka 项目所示。这种方法允许智能体学习那些人类难以直接设计奖励的复杂技能，例如旋转笔的任务，这为智能体的学习过程提供了新的途径。

安德鲁·J. 戴维森（Andrew J. Davison）教授在其论文中深入探讨了 Spatial AI 的概念，这一概念源自视觉同步定位与地图构建（SLAM），预示着未来将成为智能机器人、移动设备等产品的基础技术。Spatial AI 系统的目标是连续地捕获正确的信息，并构建正确的表示，以实现实时的解释和行动，超越了抽象的场景理解。戴维森教授特别强调了 Spatial AI 的核心问题——增量估计，即在实时环境中如何持续地存储和更新一个包含静态和动态元素的场景模型，这一挑战要求系统能够有效处理来自多种传感器和数据源的连续数据流，将其融合到一个一致的场景表示中。

戴维森教授还提出了设计 Spatial AI 系统的两个关键假设：首先，当设备必须长时间运行并执行各种任务时，Spatial AI 系统应构建一个通用且持久的场景表示，该表示至少在局部上接近度量 3D 几何并且是人类可以理解的样式；其次，Spatial AI 系统对于广泛任务的有用性可以通过相对少的性能度量来很好地表示，这些假设为 Spatial AI 系统的设计和评估提供了理论基础。

这些研究成果的深度总结和分析，为我们提供了对未来智能系统发展趋势的深刻洞察，也为未来的研究方向和技术应用指明了道路。

空间智能的核心在于对空间环境的感知、认知和交互，包括对空间位置、物体形状、空间关系以及动态变化的理解。AI 大模型与空间智能的融合使机器能够处理和分析大量的空间数据（如卫星图像、地理信息系统数据和三维模型）。通过这些数据，机器可以构建出空间环境的详细表示并用于各种应用，如城市规划、环境监测和自动驾驶。在技术进展方面，AI 大模型与空间智能的融合已经在多个领域取得了显著成果。例如，在自动驾驶汽车中，结合空间智能的 AI 模型能够实时处理车辆的传感器数据，提供精确的定位和导航。在机器人领域，融合了空间智能的 AI 模型使机器人能够更好地理解其操作环境，执行复杂的空间任务（如路径规划和物体操控）。

正如前文所说，在英伟达 GTC 2024 大会上，李飞飞教授提出了对空间智能的深刻见解，她强调在大数据扩展过程中结构化建模即三维感知模型与大数据融合的重要性，这一点对于空间智能的发展至关重要，因为空间智能需要 AI 模型架构能够应对复杂多变的物体识别、场景感知等挑战。为了训练出这样的模型，需要大量高质量的标注数据，同时对各种噪声、遮挡等情况保持鲁棒性，避免误识别，并进行图像、文本等多模态学习。帝国理工学院计算机系的机器人视觉教授安德鲁·J. 戴维森在其论文中进一步阐述了空间智能的实现方式，他提出可以通过训练递归神经网络或类似网络，从实时输入的数据中顺序产生有用输出，这要求网络在其内部状态中捕获与周围环境的形状和质量密切相关的持续概念。空间智能高效实现的关键在于算法能够识别和利用图数据结构并设计出具有相同属性的处理硬件，以最小化数据在系统架构中移动。

未来空间智能系统的设计需要综合考虑多个方面。首先，系统需要包含一个或多个摄像头及辅助传感器并与嵌入式移动实体中的处理架构紧密集成。其次，实时系统需使用几何和语义信息维护和更新世界模型，估算其在模型中的位置。此外，系统应为环境中所有对象提供完整的语义模型，模型的表示要接近度量标准，以便快速推理预测系统感兴趣的内容。同时，系统应专注于保留几何和语义的最高质量信息，对于其他部分则采用低质量级别的层次结构存储并在重新访问时快速升级。最后，每个输入的视觉数据都应自动根据预测场景进行跟踪检查，并及时响应环境变化。空间智能的实现是一个复杂的过程，它要求我们在 AI 设计中不断增加自由度，并采取增量式进化的策略。随着技术的不断进步，空间智能有望在未来的智能系统中发挥核心作用，为人类社会带来更加智能化和自动化的体验。

深度思考这些技术思想，我们可以看到空间智能不仅是对现有技术的简单扩展，更是一种全新的思考方式，它要求我们重新审视智能体与环境之间的关系。空间智能的发展可能会彻底改变我们对机器人和虚拟世界交互方式的理解，推动我们向着更高层次的自动化和智能化迈进。随着技术的不断成熟，空间智能有望成为未来智能系统的核心，为人类社会带来深远的影响。

第三节　空间智能与具身智能的整合策略

在 AI 的多学科交叉领域中，空间智能与具身智能的整合策略正逐渐成为研究的热点。这种整合不仅涉及技术层面的深度融合，还与认知科学、神经科学、心理学等学科的理论基础相关联。本章旨在探讨空间智能与具身智能整合的理论框架、技术进展以及面临的挑战和未来的发展方向。

在 AI 的前沿领域，具身智能的研究正沿着两条主要路径迅速发展，这两条路径相互补充，共同推动了具身智能技术的前进。一条路径专注于在虚拟物理世界中设计和开发具身智能算法并将这些算法迁移到现实世界中，这种方法被称为 Sim2Real 方法。该方法允许研究者在一个可控且可重复的环境中测试和改进算法，然后将这些经过验证的算法部署到真实世界的复杂场景中。

另一条路径则侧重在现实世界中直接采集具身交互数据并通过这些数据进行学习和优化，这种方法能够使智能体从实际的物理交互中学习，提高其对现实世界变化的适应性和泛化能力。在 Sim2Real 路径中，具身智能研究已经建立了一系列的基本任务类型和基准集，这些基准集为感知和算法训练提供了重要的数据平台，类似于 AI 和计算机视觉中的物体识别和检测任务。在 AI 的探索旅程中，具身智能作为核心领域之一，其研究路径呈现出丰富多样的特点，具有深远的学术意义。其中，第二条研究路径特别强调在真实世界中采集具身交互数据的重要性。通过遥操作机器人技术，使得人类专家的行为能够被机器人所学习和模仿。行为克隆（Behavior Cloning）等模仿学习算法在此过程中发挥了关键作用，它们使得机器人能够通过观察和模仿专家的行为习得特定的技能或交互策略。

此外，强化学习算法尤其是高采样率的基于模型的强化学习或离线强化学习，为机器人提供了直接与真实世界交互的平台。在这个过程中，机器人通过与环境的互动获得奖励信号，自主学习并优化其交互策略，这种方法不仅增强了机器人的自主性，也提高了其适应性和灵活性，使其能够在多变的环境中做出更加精准的决策。

这些研究路径的探索和实践，不仅揭示了具身智能在实现高级机器人自主性和智能交互方面的潜力，而且为 AI 的未来发展提供了新的方向。

具身导航是 Sim2Real 路径中的一个重点研究任务，它侧重智能体通过视觉、听觉、语言理解等手段主动探索环境，以完成导航目标，如到达特定点、寻找特定物体、遵循指令、声音导航等。具有代表性的虚拟环境包括 iGibson、Habitat、MultiON、BEHAVIOR 等，这些环境提供了丰富的测试场景，用以研究和改进具身导航算法。

另一项重点任务是具身重排，即令智能体将物体从初始位置移动到目标位置,通常以家居场景为主。这类任务更关注场景理解、物品状态感知和任务规划,而不是底层的机器人技术。AI2-THOR、ThreeDWorld、Habitat 2.0 等是进行这类研究的主要虚拟环境,它们提供了必要的工具和平台以支持复杂的空间推理和操作任务。

机器人物体操纵是机器人领域内的一个重要研究内容,在具身智能的视角下,这一任务侧重通过学习解决交互问题,并从交互中理解、控制和改变外界状态。研究的目标是实现任务的可迁移性、环境适应性和技能的可扩展性。SAPIEN、RLBench、VLMbench、RFUniverse、ARNOLD 等是进行机器人物体操纵研究的主要虚拟环境,它们为研究者提供了实验平台,以探索和实现更高级的机器人技能。

此外,还有一系列专注于物体抓取和操纵的数据集,如GraspNet、SuctionNet、DexGraspNet 和 GAPartNet,这些数据集为研究者提供了大量的标注数据,用以训练和测试机器人的抓取和操纵算法。

在 AI 的广阔领域中,空间智能与具身智能的整合正逐渐成为推动技术进步的新引擎。这种整合需要一个共同的理论框架来指导研究和应用,认知科学中的空间认知为此提供了心理学和神经科学的基础。空间认知涉及个体对空间环境的感知、理解和行为反应,这为空间智能的概念奠定了基础。具身智能则强调智能行为是通过身体与环境的互动而产生的,这一理念与空间智能相结合,为智能系统的设计提供了新的视角。通过整合这两种智能，我们可以构建出能够更好地理解和操作空间环境的智能系统，从而推动智能系统向更高级别的自主性和适应性发展。

在技术层面上，空间智能与具身智能的整合涉及多个关键技术的发展。传感器技术的进步为智能系统提供了感知环境的能力，现代传感器不仅能提供精确的空间位置信息，还能检测多种环境变量，如温度、湿度、光照等。这些传感器数据的融合和处理，是实现空间智能的基础。计算模型，尤其是深度学习网络的发展，能够从大量传感器数据中学习复杂的空间关系和模式，为智能系统提供强大的数据处理和分析能力。同时，机器人技术和3D打印技术的进步为智能系统的具身化提供了可能，使得智能系统能够通过物理实体与环境进行交互。

然而，空间智能与具身智能的整合也面临着一系列挑战。其中之一是如何有效地处理和利用大量的传感器数据，这不仅需要高效的数据处理算法，还需要强大的计算能力。另一个挑战是如何提高智能系统的泛化能力，使其能够在不同的环境和情境中稳定地工作。此外，智能系统的可解释性和透明度也是一个重要的研究议题，这对于建立用户对智能系统的信任至关重要。

总体而言，空间智能与具身智能的整合是AI领域的一个重要研究方向，它通过提供一个共同的理论框架和多学科的技术整合，为智能系统的设计和应用开辟了新的道路。随着研究的深入和技术的成熟，我们有理由相信，这一整合将为人类社会带来更加智能化和自动化的体验，推动AI向更高层次的自主性和适应性发展。

在 2022 年发表的论文《寻找计算机视觉的北极星》中，李飞飞教授提出了具身智能、视觉推理和场景理解作为推动计算机视觉发展的三个关键方向，它们共同构成了空间智能发展的理论基础。具身智能指的是机器人在现实世界中导航、操作和执行指令的能力，这不仅包括人形机器人，也涵盖了自动驾驶汽车、家用机器人吸尘器、工业机械臂等形式的智能机器。具身智能的研究目标是赋予机器人执行人类日常任务的能力，无论是折叠衣服还是城市探索，这些都是智能系统设计的重要里程碑。

视觉推理作为空间智能的一个重要组成部分，包括三维关系理解、社交智能和认知功能。三维关系理解使机器能够从二维图像中解读三维空间关系，例如理解"将左边的金属杯拿回来"这样的指令。社交智能让机器能够理解人与人之间的关系和意图，通过观察人物间的动作和互动推断他们可能的亲属关系或预测即将发生的行为。认知功能则强调计算机视觉的认知层面，即不仅要感知场景，还要理解场景的意义并进行背后的推理，这是对机器视觉能力的深层次拓展。

空间智能的发展要求机器具备处理和分析多模态数据的能力，包括图像、文本和声音等。算法需要对视觉信息保持敏感，整合其他类型的数据，以获得对场景更全面的理解。为了实现鲁棒的视觉推理，模型需要在大量标注数据上进行训练，学习在各种噪声和遮挡情况下保持性能，同时对长期未接触的场景具备一定的泛化能力。

空间智能与具身智能的整合策略是一个充满挑战和机遇的研

究领域。通过跨学科的研究和合作，我们可以克服现有挑战，推动这一领域向着更加智能、更加人性化的方向发展。这是一个需要集体智慧和共同努力的过程，让我们期待并共同为建设一个更加智能的未来贡献力量。

第十二章

智能体的进化：探索 NTP 技术的应用

第一节　具身智能技术的未来：探索 NTP 技术的潜力

在 AI 的发展历程中，大型语言模型的出现标志着自然语言处理能力的重大飞跃。继 LLM 之后，一个关键的探讨点是"下一个标记预测"（NTP）技术是否能够进一步训练机器人，使其在更广泛的场景中展现出智能行为。最近，伯克利团队发布的人形机器人在旧金山街头散步的视频在社交媒体上引起了广泛关注。该团队在其技术论文《人形机器人的运动是下一个标记预测》（*Humanoid Locomotion as Next Token Prediction*）中，创新性地将 NTP 技术应用于人形机器人的运动控制，这一尝试为机器人的自主导航和动作规划提供了新的视角。

OpenAI 对于 NTP 技术实现通用人工智能的信心源于其在大型语言模型中的成功应用。NTP 技术由信息论的创始人克劳德·香农提出，是许多先进语言模型的基石，其核心思想是通过给定一个词序列的上下文，让模型预测下一个最可能的词。这种预测能力不仅使语言模型能够生成连贯、逻辑性强的文本，而且能在机器翻译、文本摘要、自动写作等应用场景中展现出重要作用。OpenAI 的首席科学家伊尔亚·苏茨克维坚持认为，标记预测是实现通用人工智能的基石并对这一技术路线表达了坚定的支持。苏茨克维认为，标记预测的能力足以达到超人类的智能水平。在一次播客访谈中，他提出预测下一个标记的质量实际上反映了模型对语言背后隐藏的语义和知识的理解程度，这不仅是统计学上的工作，更是对世界本质的压缩和表达。此外，标记预测需要建立符号到世界的联系，如果让模型预测一个睿智、博学和能力非凡的人的行为举止，它很可能通过人类数据进行推理和外推，这意味着一个足够强大的语言模型可以模拟出超越现实的假想情况。OpenAI 的研究员杰克·雷（Jack Rae）在斯坦福的研讨会报告《压缩即通用人工智能》（*Compression for AGI*）中，详细论证了"压缩即智能"的观点，提出"压缩即泛化，泛化即智能"的核心论点，进一步支持了 NTP 技术在实现通用人工智能中的潜力。

　　NTP 技术的基本原理包括几个关键步骤：目标是准确预测给定文本序列中的下一个标记（如单词或字符）。这一过程基于自回归机制，模型一次预测一个标记，并以从左到右的顺序进行。标记预测大多基于 Transformer 架构，尤其是其仅解码器（Decoder-Only）变体。Transformer 通过自注意力机制，允许模型在生成每个新标记时考虑之前所有标记的上下文信息，从而生成更加准确和连贯的文本。在进行下一个标记预测之前，文本首先需要被标记化，即分解成模型可以理解的最小单位。这些标记随后被转换为嵌入向量，即在模型中的数值表示。为了让模型理解标记的顺序，每个标记的嵌入向量会与位置嵌入向量相加，这样模型就能捕捉序列中的位置信息。大型语言模型通过在大规模文本数据集上进行预训练来学习下一个标记预测，这一过程是自监督的，模型通过预测文本序列中的下一个标记来自我训练，不需要外部标注的训练数据。

在传统机器人领域，机器人的运动控制高度依赖人工输入的精确预测信息，如接触点和执行器方向等，这使得机器人在人类预设的路径中能够较好地运动和控制肢体动作，但当面临真实环境中的不确定性和变化时，其适应性和泛化能力往往受限。

伯克利研究团队的创新工作将 NTP 技术引入机器人领域，为解决这一问题提供了新的途径。该研究将现实世界中的仿人机器人控制视为一个大型传感器运动轨迹数据建模问题，通过将仿人机器人的感觉运动轨迹视作类似自然语言中的单词序列，将感觉输入（如传感器数据）和运动输出（如电机指令）的输入轨迹标记化，形成轨迹的"单词"和"句子"。研究人员训练了一个通用的 Transformer 模型来自回归地预测移位的输入序列。与语言模型不同的是，机器人数据是高维的，包含多个感官模态和动作。为了处理这种多模态性，研究者通过将输入轨迹进行标记化，训练 Transformer 模型来预测这些标记，同时建模联合数据分布，而不是条件动作分布。在处理不完整的轨迹数据时，模型能够预测存在的信息并用可学习的掩码标记替换缺失的标记，从而从不完整的数据中学习并提高泛化能力，这意味着模型在面对真实世界中常见的不完美或缺失数据时，仍然能够有效工作。

研究团队构建了一个包含不同来源轨迹的轨迹数据集用于训练模型，确保模型能够学习到丰富的感觉运动模式。数据集包括通过大规模强化学习训练的神经网络策略生成的轨迹、基于模型的控制器提供的轨迹、人类运动捕捉（MoCap）数据，以及从网络视频中提取的 3D 人体轨迹。此外，研究者验证了尺度定律在机器人控制领域的有效性，发现使用更多轨迹进行训练可以减少位置跟踪误差，这表明在更大的数据集上训练可以提高性能。研究还表明，更大的上下文窗口可以产生更好的策略，这揭示了生成策略在尺度上进行上下文适应的能力。

这些研究成果不仅展示了 NTP 技术在机器人控制领域的应用潜力，也为机器人的自主性和智能交互提供了新的思路。随着技术的不断进步，空间智能和具身智能的整合有望在家庭自动化、工业自动化、医疗辅助、安全监控等领域发挥越来越重要的作用，推动 AI 向更高层次的自动化和智能化发展，为人类社会带来更加丰富和便捷的生活体验。

在探索将 NTP 技术应用于人形机器人运动控制的技术路线时，学术界和公众都表现出极大的兴趣，同时也伴随着一些质疑和挑战。尽管 NTP 技术在自然语言处理领域取得了显著的成功，但其在机器人运动控制领域的有效性和局限性尚未完全明确。

红迪网（Reddit，社交新闻网点）的一些用户在阅读相关技术论文后，对"观测"和"行动"的概念提出了疑问。他们指出，论文中将动作定义为动作命令，但同时提到控制器输出电机扭矩，这似乎与关节位置行动空间不一致。此外，观测数据包括关节位置和惯性传感器信息，关节位置既是预测目标也是输入，这增加了实现细节的复杂性。此外，NTP 技术本身也存在一些争议。例如，存在所谓的"雪球效应"现象，即每个步骤的小错误可能在长序列中指数级累积，导致整体准确性显著下降。模型可能会学习到错误的规划策略，在需要前瞻性规划的任务中表现不佳，可能无法有效地学习如何制定和执行长期计划。为了模拟人类思维，模型需要模拟快速和慢速两种类型的思考过程，而当前的 NTP 模型可能难以捕捉这种复杂性。同时，有些下一个标记可能很难学习，需要对未来的全局理解，这对模型提出了更高的要求。

苏黎世联邦理工学院和谷歌研究院的研究者在论文《下一个标记预测的陷阱》（*The Pitfalls of Next-token Prediction*）中，全面地总结了"标记预测技术"在大语言模型中存在的问题及局限性。他们指出，当前大部分争议的关键在于没有区分推理阶段的自回归和训练阶段的教师强制（teacher-forcing）两种类型的标记预测方式。在自回归推理过程中，错误可能在长序列中指数级累积，导致整体准确性显著下降。此外，下一个标记预测模型可能在需要前瞻性规划的任务中表现不佳，模型可能无法有效地学习如何制定和执行长期计划。

教师强制训练可能无法学习到准确的下一个标记预测器，因为模型可能会利用输入中揭示的答案前缀生成未来的词，而不是学习如何从问题本身推导答案。这种训练方式可能会诱导模型使用聪明汉斯作弊（Clever Hans cheat），即模型可能会利用输入中的线索而非学习问题的本质。此外，教师强制训练可能导致早期的答案词变得难以学习，因为模型在训练过程中失去了关于完整答案的监督。研究者还设计了一个简单的规划任务，该任务在 Transformer 和 Mamba 架构上进行的实验均遭遇失败，表明即使在简单的路径查找任务中，模型也可能失败。这引发了对标记预测是否能够泛化到更复杂或不同类型任务的疑问。

总体而言，尽管 NTP 技术在处理自然语言中取得了巨大成功，但其在人形机器人运动控制领域的应用仍处于探索阶段，面临着数据收集、模型泛化能力、长期规划学习等挑战。未来的研究需要深入分析 NTP 技术的局限性，探索如何克服这些问题以实现机器人运动控制更高水平的自主性和智能性。通过跨学科的研究和合作，我们可以期待在这一领域取得更多进展，为建设更加智能的未来贡献力量。

可见，在面对真实世界的复杂环境时，通用人形机器人需要解决一系列挑战性问题，包括动作规划、路径规划、运动控制和力触觉等。具身智能技术的发展为人形机器人的控制提供了坚实的技术基础，目前主要沿着三个方向演进。

首先，多模态大模型利用视觉、语言等多种传感器数据，通过深度学习技术进行训练，以提升机器人在复杂环境中的感知和决策能力。这类模型在自动驾驶汽车、机器人抓取和交互等领域展现出广泛的应用潜力，能够处理多种类型的数据，带来强大的感知能力和泛化性。然而，多模态大模型的训练需要依赖大量的标注数据，它对环境变化的适应性仍有待提升。

其次，具身大模型专注于具身智能任务，使用具身数据进行训练，强调智能体与物理世界的直接交互。这类模型能够直接从物理交互中学习，更深入地理解环境和执行任务，但数据收集和模型训练的过程可能更为复杂，成本也较为高昂。

再次，自然模态世界模型通过自然模态（如视觉、听觉）学习世界的层次化，构建能够预测行动后果的动态世界模型，这种模型在提高机器人的自主性和长期规划能力方面具有显著潜力（尤其在需要复杂决策和预测的场景中）。不过，构建一个准确的世界模型仍然是一个巨大的挑战，它要求我们对环境有更深刻的认识和理解。

在多模态基础大模型的研究方面，斯坦福大学和普林斯顿大学等机构发表的综述论文《机器人技术基础模型：应用、挑战与未来》（*Foundation Models in Robotics: Applications, Challenges, and the Future*）将用于机器人领域的基础模型分为两大类。第一类是间接与机器人研究相关联的基础模型，涉及感知和具身智能方向的研究。在感知方面，基础模型包括开放词汇对象检测和3D分类、开放词汇语义分割、开放词汇3D场景表示和功能可供性（affordances）。具身智能方面的基础模型则包括 Statler、EmbodiedGPT、Voyage、ELLM 等代表性工作。

第二类是直接用于机器人领域的基础模型，面向五类机器人任务，包括机器人策略学习、语言—图像目标条件价值学习、高级任务规划、基于 LLM 的代码生成和 Robot Transformer。基于 Robot Transformer 的基础模型能够基于一个整合感知、决策制定和动作生成的框架，用于机器人的端到端控制。

这些研究方向不仅体现了具身智能技术的深度和广度，还揭示了其在实现高级机器人自主性和智能交互方面的潜力。

第二节　重塑视觉智能：IWM 的创新与应用

在 AI 的发展历程中，我们见证了从简单的自动化到复杂的决策支持系统的转变。而今，随着大型语言模型的兴起，我们正站在一个新的技术前沿——通用人工智能的门槛上。2024 年 2 月，科技巨头 Google、Meta 和 OpenAI 分别推出了其最新的技术成果，展现了各自对于实现 AGI 的技术路径的理解和探索。DeepMind 的 CEO 戴密斯·哈萨比斯（Demis Hassabis）提出，大型语言模型和树搜索技术结合可能是实现 AGI 的有效途径。Meta FAIR 团队则提出了图像世界模型的新范式，将世界模型作为预测器进行训练，以探索其在视觉任务中的潜力。

杨立昆提出的 IWM 作为一种全新的视觉表征学习范式，通过预测视觉变换对数据的影响来建模世界知识。与传统的对比学习和掩码建模方法不同，IWM 旨在学习高质量的视觉表征的同时，构建一个可复用的"世界模型"。这一模型的架构基于杨立昆此前提出的联合嵌入预测架构（JEPA），其核心在于使世界模型能够在潜在空间中应用变换，从而学习等变表示（Equivariant Representations）。

IWM 的工作流程可以概括为以下步骤：首先，通过数据增强，从原始图像生成一对"源视图"和"目标视图"；然后，将源视图和目标视图输入编码器网络，得到视觉特征表示；接着，预测器网络源视图的特征表示和变换参数为输入，重建或预测目标视图的特征表示；最后，通过最小化预测值和目标值之间的差异来训练模型。如果预测器能够准确预测，这意味着学习了一个强大的"世界模型"，能够捕捉数据变换时的本质特征。

IWM 架构的关键组成部分包括编码器、指数移动平均（EMA）网络、掩蔽标记、预测器、损失函数、潜在空间、源视图和目标视图以及转换参数。编码器负责将输入图像转换为潜在空间的表示，捕捉关键特征并忽略不必要的信息。EMA 网络提供更稳定的表示，避免解决方案崩溃。掩蔽标记表示源图像和目标图像之间的几何关系，指示潜在空间中需要进行的变换。预测器是世界模型的核心，尝试预测目标表示。损失函数通常采用预测值和目标值之间的平方 L2 距离。潜在空间是模型内部的抽象表示空间，源视图和目标视图是从同一图像生成的不同视图，而转换参数描述了源视图到目标视图的转换过程。杨立昆的 IWM 是否能够成为实现 AGI 的关键世界模型，目前尚无定论。然而，这一范式无疑为我们提供了一种新的视角，让我们重新思考如何通过构建世界模型来推动视觉表征学习的进步。随着技术的不断发展和深入研究，IWM 或将在实现更高层次的 AI 方面发挥重要作用，为人类社会带来更加智能化的未来。

在 AI 领域，尤其是在视觉表征学习的研究中，图像世界模型与图像联合嵌入预测架构（I-JEPA）之间的联系和区别引起了学术界和工业界的广泛关注。2023 年 6 月，Meta AI 研究团队发表了一篇论文，首次提出基于杨立昆世界模型概念的 I-JEPA。I-JEPA 的核心思想是通过创建外部世界的内部模型来学习、比较图像的抽象表示，从而以一种更类似于人类理解的方式来预测缺失信息。与像素或标记空间中的生成方法相比，I-JEPA 使用抽象的预测目标，潜在地消除了不必要的像素级细节，使模型能够学习更多的语义特征。

IWM 和 I-JEPA 都基于联合嵌入预测架构，且都采用了基于 Vision Transformer 的自监督学习方法，通过预测任务来学习图像的表示，强调表示空间的重要性。尽管两者都属于杨立昆提出的"世界模型系列"，但它们在目标和方法上存在明显的差异。

I-JEPA 主要关注从单个上下文块预测目标块的表示，而不直接构建或利用世界模型。它通过预测图像块的表示来学习语义信息，这些预测是在图像的潜在空间而非直接在像素空间或输入空间中进行的。相比之下，IWM 在 I-JEPA 的基础上引入了世界模型的概念，不仅学习图像的表示，还学习了一个能够预测图像在经过特定变换（如光度变换）后潜在表示的世界模型。这种世界模型可以在预训练后通过微调来适应不同的下游任务，如图像分类和分割。

在预测任务的复杂性方面，IWM 在 I-JEPA 的基础上增加了对全局光度变换的预测，这使得它能够处理更广泛的数据变换。I-JEPA 的预测任务主要集中在局部图像块的表示上，通过掩蔽策略引导模型学习语义表示。IWM 的预测任务更为复杂，它不仅包括局部图像块的预测，还包括全局光度变换的预测，这要求模型具有更强的泛化能力。

IWM 还提供了对学习表示的抽象级别的控制，这是 I-JEPA 论文中没有明确提及的。I-JEPA 虽然能够学习高质量的图像表示，但它并不直接控制这些表示的抽象级别。IWM 则提供了对表示抽象级别的显式控制，通过调整世界模型的容量和预测任务的难度，学习从高度抽象的语义表示到更具体的像素级表示，这种灵活性使 IWM 能够根据下游任务的需求调整其表示。

此外，IWM 强调了微调世界模型的能力，这表明它可以在预训练后被重用于多种下游任务，而 I-JEPA 则没有明确提到这一点。IWM 通过微调世界模型，可以在不同的下游任务中重用预训练的知识，而不需要对整个模型进行大规模的调整，这使得 IWM 在多个任务之间具有更好的迁移能力。

总体而言，IWM 和 I-JEPA 都是探索视觉表征学习的重要进展，它们各自独特的设计理念和应用潜力为实现更高层次的 AI 提供了新的思路和工具。随着研究的深入，这些模型有望在自动化、机器人视觉、图像处理等领域发挥更大的作用，推动 AI 技术的进一步发展。

图像世界模型是自监督学习领域的一个创新性突破，它在多个方面扩展了现有方法的能力和应用范围，它的关键亮点在于其能够预测图像经历的广泛变换，包括全局光度变换，而不仅是预测图像的缺失部分。这种方法不仅能预测图像中被遮挡的部分，还能预测图像在亮度和颜色等视觉属性变化后的样子。在实现方面，IWM 从一个原始图像生成两个版本：一个作为目标版本，尽量保持原样；另一个作为源版本，应用各种变换。通过编码器，这两个版本被转换成潜在空间的表示，然后通过一个预测器学习如何从源版本恢复目标版本。在这个过程中，IWM 特别关注如何从部分信息中预测整体的样子，从而学会理解和模拟图像变化，建立一个强大的世界模型。这个模型不仅能提高图像识别的能力，还能在不同的任务中进行微调，适应各种下游应用。

IWM 的性能受三个关键因素的影响：世界模型的条件化、预测难度与模型容量。条件化是使预测器能够理解变换信息的过程，可以通过序列条件化或特征条件化实现，两种方法都已被证明能提高世界模型的性能。预测难度的控制通过使用颜色抖动和破坏性增强等数据增强技术来实现，增强的强度越大，学习到的 IWM 性能越好。世界模型的容量决定预测器能够应用变换的复杂性，更深的预测器能够学习更强大的世界模型。IWM 的另一个创新之处在于其微调能力，这与以往在自监督学习中通常丢弃世界模型的做法不同。IWM 学习到的世界模型可以通过微调来适应不同的下游任务（如图像分类和分割）。这种微调能力使 IWM

在多个任务之间具有更好的迁移能力，并且能够匹配或超越之前自监督方法的性能。

此外，IWM 还允许控制学习到的表示的抽象级别，通过调整世界模型的等变性来实现。等变性是指模型能够适应输入数据的特定变换，保持其输出不变。这种灵活性是 IWM 框架的一个重要特点，它使模型能根据下游任务的需求来学习具有不同特性的表示。

总体而言，IWM 通过其先进的自监督学习能力、微调适应性和对表示抽象级别的控制，为视觉表征学习提供了新的方向，展现了 AI 在理解和模拟复杂视觉场景中的潜力。随着进一步的研究和开发，IWM 有望在自动化、机器人视觉、图像处理等领域发挥重要作用，推动 AI 技术的持续进步。

图像世界模型在自监督学习领域中提出了一种新颖的方法论，与传统的自监督学习方法相比，它在多个方面展现出显著的区别和优势。在论文《视觉表示学习中世界模型的学习和利用》（*Learning and Leveraging World Models in Visual Representation Learning*）中，作者详细阐述了 IWM 与传统方法的不同之处，包括联合嵌入架构、掩蔽图像建模、等变预测目标、BYOL 和 SimSiam 等。联合嵌入架构方法通过编码器将输入数据映射到一个共同的潜在空间，使用预测器来预测数据在该空间中的表示。这种方法的关键在于其不依赖显式的世界模型，通过编码器和预测器的联合训练来学习数据的变换。与之相比，IWM 不仅学习图像的表示，还学习了一个能够预测图像在经过特定变换后的潜在表示的世界模型，这种世界模型可以在预训练后通过微调来适应不同的下游任务。

在掩蔽图像建模方法时，图像的一部分被掩蔽，网络被训练来预测这些掩蔽区域的内容。例如，BEIT 模型通过解码器网络充当生成图像世界模型的角色，学习如何从部分信息中重建整个图像。BEIT 受到自然语言处理中 BERT 模型的启发，提出了掩蔽图像建模任务，用于预训练视觉 Transformer，并在图像分类以及语义分割上取得了优异的结果。等变预测目标方法的核心思想是学习对特定变换群等变的表示，即当输入数据经过该群中的变换时，表示也以相应的方式变换。例如，CARE 框架通过在对比学习设置中引入等变性目标，为神经网络表示空间引入额外的几何结构。通过对比学习来训练网络的方法，如 BYOL 和 SimSiam，可以令网络学习到对数据变换不变的表示。SimSiam 是一种简单的孪生网络结构，用于无监督视觉表示学习，通过最大化同一图像的两个增强视图之间的相似性来学习有意义的表示。

IWM 与传统自监督学习方法的主要区别在于其对世界模型的构建和利用。IWM 通过预测图像在变换下的表现来学习世界模型，这种方法不仅提高了图像识别的能力，还能在不同的任务中进行微调，适应各种下游应用。此外，IWM 提供了对学习表示的抽象级别的控制，这是传统方法中不常见的。IWM 的这些特点使其在自监督学习领域中具有显著的创新性和应用潜力。随着 AI 技术的不断进步，IWM 有望在自动化、机器人视觉、图像处理等领域发挥重要作用，推动 AI 技术的持续发展。

第三节　尺度法则与人工智能的未来：大型语言模型的性能革命

Scaling Law 即尺度法则，在 AI 领域，特别是在大型语言模型的研究和训练中，扮演着至关重要的角色。自 OpenAI 发布 Sora 模型以来，业界对其能力和潜力的讨论持续升温。尽管 Sora 的训练细节未公开，但其技术报告中再次强调了尺度法则的重要性，即随着训练计算量的增加，模型性能显著提升，这使得尺度法则成为 AI 领域的热点。

OpenAI 在 2020 年的论文中提出了针对语言模型的尺度法则，其核心观点是：模型性能随着模型大小、数据集大小和用于训练的计算浮点数的增加而提高，这三个因素与模型性能之间存在幂律关系，尤其是在资源不受限制时，性能提升最为显著。在有限的计算资源下，通过训练大型模型并在其达到最佳状态前提前终止训练可以获得最佳性能。此外，大型模型在样本效率上更优，可以用较少的数据和优化步骤达到与小型模型相同的性能。

尺度法则的意义在于，它允许研究者预测模型性能随参数、数据和计算资源变化的趋势，这对于在有限预算下做出关键设计选择具有重要意义。例如，在大语言模型的训练中，交叉熵损失是评估模型预测准确性的常用指标，训练目标是降低这一损失，以提高预测的精确度。

谷歌 DeepMind 团队的乔丹·霍夫曼（Jordan Hoffmann）等人提出了一种替代的尺度法则形式，用于指导 LLMs 的计算最优训练。他们发现，在有限的浮点运算（FLOP）预算下，存在一个损失函数的最佳性能点。对于较小的模型，增加数据量以训练较大的模型能提升性能；对于较大的模型，使用更多数据训练较小的模型同样能带来改进。为了实现计算成本的最优，模型的规模和训练数据量应保持成比例的增长。同时，在训练大型语言模型时，数据集的质量和扩充同样重要。

总体而言，OpenAI 的尺度法则更倾向于在模型大小上分配更大的预算，而 Chinchilla 的支持者则认为模型规模和训练数据量应该等比例增加。这两种观点都强调了在给定计算预算下，如何有效地分配资源以优化模型性能的重要性。随着 AI 技术的不断进步，对尺度法则的深入理解和应用将对设计和训练更高效、更强大的 AI 模型产生深远影响。

与此同时，尺度法则在 AI 领域，尤其是大型语言模型的发展中，一直是一个备受争议的话题。这一理论主张随着模型规模、数据集大小和计算资源的增加，模型的性能将呈指数级提升。然而，围绕尺度法则的有效性和实际应用，学术界和工业界展开了激烈的讨论。

一个核心的争议点是"模型是否越大越好"。一些学者担心，随着模型规模的扩大，我们将很快面临高质量语言数据的枯竭。据估计，到 2024 年，我们所需的数据量可能比之前的数据多出 5

个数量级，这表明之前的数据可能仅能满足真正需求的十万分之一。尽管存在提高数据利用效率的方法，如多模态训练、数据集的循环利用和课程学习等，但这些方法是否能满足尺度法则所预测的指数级增长的数据需求，仍然是一个开放的问题。

一些研究者对数据短缺的问题持乐观态度。他们认为，尽管LLM在处理数据时效率不高，但如果合成数据被证明是有效的，我们不应轻易对继续扩大模型规模持怀疑态度。有研究者对自对弈（self-play）和合成数据的方法抱有希望，认为这些方法不仅能提供丰富的数据来源，还能生成大量数据，从而支持模型的进一步发展。

关于尺度法则是否真正有效的问题，也存在不同的声音。一些积极的观点认为，模型性能在各种基准测试中已经稳步提升了8个数量级，即使在计算资源增加的情况下，模型性能的损失仍然可以精确到小数点后多位。GPT-4的技术报告甚至表明，可以通过较小的模型预测最终模型的性能，这似乎预示着尺度法则的趋势可能会持续下去。

然而，也有观点质疑尺度法则能否真正反映模型的泛化能力。一些批评者指出，现有的基准测试更多地测试了模型的记忆力而非智能程度，并且模型在处理长期任务上的表现并不出色。例如，GPT-4在SWE-bench测试中的得分很低，这表明模型在处理长时间跨度的复杂信息时存在问题。

在模型是否能理解世界的问题上，也有不同的看法。一些研究表明，学习大量代码能够显著增强LLM的语言推理能力，显示出模型能够识别并利用语言和代码中的通用逻辑结构。积极的观点认为，为了预测下一个 Token，LLM 必须学习万物背后的规律，理解 Token 之间的联系，这表明模型能够从数据中提炼出通用的思考模式。

然而，消极的观点认为，智能不仅仅是数据压缩，即使 LLM 通过梯度下降（SGD）过程实现了数据压缩，这并不能证明它们具备与人类相似的智能水平。此外，还有观点认为，大模型可能存在方向上的路线错误。批评者认为，大模型本质上只具有通过观察进行因果归纳的能力，而不具备因果演绎的能力。他们认为，真正的通用人工智能应该是一个"能够理解世界的模型"，而不仅仅是描述世界。

在 AI 领域，尺度法则一直是大型语言模型发展的核心理念之一，它主张随着模型规模、数据集大小和计算资源的增加，模型的性能将呈指数级提升。然而，这一理念并非没有争议，一些研究工作和观点提出了与尺度法则不同或对立的方法和理念。

LLaMA 模型的开发理念便是其中之一，它与尺度法则相悖，更注重在有限的推理资源下通过使用更多数据来优化模型性能。LLaMA 认为，为了达到目标性能，不必追求以最优的计算效率快速训练出模型，而是应该在更大规模的数据上训练一个相对较小的模型。这种方法虽然在训练阶段的效率不是最优，但在推理阶段的成本更低，且在超出尺度法则建议的数据量后，模型性能仍有提升空间。

Meta 的田渊栋团队提出的 MobileLLM 系列则强调，对于小型 LLM 来说，模型的深度比宽度更重要，这与尺度法则的观点相反。该工作通过跨 Transformer 层的权重共享技术减少模型参数量，降低推理时的延迟。研究者通过又深又窄的架构以及嵌入共享和分组查询注意力机制显著提高了模型的准确率，并提出及时逐块权重共享方法进一步提升性能。经测试，MobileLLM 准确率上比以往的 SOTA 模型有了显著提升。

在对尺度法则的态度上，OpenAI 一直是其坚定的奉行者，他们将该法则作为企业核心价值观之一。OpenAI 的成功在一定程度上归功于其充足的算力，能够支撑尺度法则所需的昂贵支出。而月之暗面（Moonshot AI）的创始人杨植麟在访谈中表达了对尺度法则的坚定态度，他认为只要存在满足通用性和可规模化的结构，尺度法则就能成为第一性原理。他强调，能通过规模化解决的问题就不应该用新的算法解决，应该关注大方向和大梯度。DeepMind 的 CEO 哈萨比斯对尺度法则持谨慎乐观态度，他认为尽管大型模型在概念和抽象方面取得了进展，但是否需要额外的算法突破来实现更高层次的抽象仍是未知的。哈萨比斯强调了尺度法则的实际限制，如数据中心的计算资源量、分布式计算的挑战以及硬件挑战，提出除了扩大规模还需要创新（包括发明新的架构和算法）。

总体而言，尽管尺度法则在 AI 领域有着广泛的影响力，但对这一法则的质疑和探索从未停止。不同的研究团队和个人从不同的角度出发，提出了多样化的方法和理念，共同推动 AI 技术的发展和进步。随着技术的不断发展，我们期待对尺度法则及其在 AI 领域应用的理解将更加全面和深入。

除了尺度法则，在 AI 领域，探索模型融合的新方法一直是研究的热点。近期，一种结合进化算法和模型合并技术的新方法引起了广泛关注。这种方法由利昂·琼斯（Llion Jones）的创业公司 Sakana AI 提出，他们通过自动进化模型合并的算法，有效地组合了不同的开源模型，以创建具有特定功能的新型基础模型。这种方法不仅在参数空间中进行操作，还在数据流空间中进行优化，允许对模型的权重和推理路径进行调整，从而发现可能超越传统人类设计策略的新方法。

Sakana AI 的研究团队通过这种方法构建了能够进行数学推理的日语大型语言模型和视觉语言模型，在多个基准测试中取得了令人瞩目的成绩。这些模型在数学推理和视觉语言任务方面的表现尤为突出，甚至在某些情况下超过一些具有 70B 参数的顶尖模型。

与此同时，混合模型架构（MoE）也受到了业界的广泛关注。MoE 是一种由多个子模型组成的混合模型，每个子模型专注于处理输入空间的一个子集。通过一个门控网络决定每个数据应该由哪个子模型处理，MoE 减轻了不同类型样本之间的干扰，提高了模型的效率和性能。Mistral AI 作为 MoE 架构的积极推动者，已经开源了多个基于该架构的模型。例如，他们最近开源的 8x22B MoE 模型，具有 56 层、48 个注意力头和 8 名专家，其中 2 名为活跃专家，上下文长度达到 65k。此外，他们之前开源的 Mixtral 8x7B 模型，性能已经达到了 Llama 2 70B 和 GPT-3.5 的水平，展示了 MoE 架构的强大潜力。

在 AI 的不断演进中，模型合并（Model Merging）作为一种创新技术，正逐渐成为提升模型性能和泛化能力的重要手段。模型合并的核心在于将多个在特定任务上经过有监督微调（SFT）的模型在参数层面进行整合，形成一个统一的融合模型。这种方法的优势在于，它能够使融合后的模型具备处理多种任务的能力，因为每个单独的 SFT 模型均是在不同任务上训练的，各自学习到了不同的特征和模式。

与传统的迁移学习相比，模型合并更进一步，它致力于通过结合多个预训练模型的知识创建通用且全面的模型。这种方法不仅能提高模型在特定任务上的性能，还能增强其泛化能力，使其能够同时处理多种任务。模型合并的实现通常依赖多种算法，包括 Task Vector、SLERP、TIES、DARE 和 Frankenmerging 等。这些算法各有特点，如 Task Vector 通过向量间的算术运算来优化模型性能，而 SLERP 则通过平滑转换参数保留每个父模型的独特特征。

然而，"模型融合"这一术语在 AI 领域存在一定程度的混淆和不一致性。除了模型合并，还包括模型融合、混合模型架构和模型集成等概念。模型融合侧重将多个深度学习模型的参数或预测结果合并为一个单一模型，以弥补单一模型的偏差和错误；混合模型架构则是一种混合模型，由多个子模型（即专家）组成，每个子模型专门处理输入空间的一个子集，通过一个门控网络来决定每个数据应该由哪个模型处理；模型集成则是通过训练多个单独的模型，然后在推理中对它们的预测进行平均，以生成一个集成模型。

尽管模型合并、模型融合、混合模型架构和模型集成在概念上有所重叠，但它们各自采用了不同的方法和技术来实现模型的融合和优化。随着 AI 技术的不断发展，这些方法将为构建更加强大、灵活和高效的 AI 模型提供新的思路和工具。通过深入研究和合理应用这些技术，我们有望推动 AI 向更高水平的智能和自动化迈进。

在 AI 的广阔天地中，大型语言模型的性能提升和泛化能力增强始终是研究的热点。Sakana AI 的研究团队在这一领域取得了显著的突破，他们巧妙地将进化算法应用于 LLM 的模型融合过程，通过结合参数空间融合（PS）和数据流空间融合（DFS），实现不同领域模型的有效整合。

参数空间融合策略通过加权平均的方式，将针对不同任务或场景训练的模型参数直接合并，数据流空间融合则通过堆叠多个模型的 Transformer 层来实现。尽管数据流空间融合可能需要人工确定融合方案和后续的再训练或微调，但它与参数空间融合策略的结合使用，有效地缓解了不同模型分布不一致可能导致的性能下降问题。

Sakana AI 的研究者通过这两种方法的融合，首先利用参数空间融合获得一个合并模型，再将其作为候选模型进行数据流空间融合。这一方法的有效性得到了实验的验证，研究者利用进化模型合并（Evolutionary Model Merge）技术演化出的日语大型

语言模型和视觉语言模型在多个基准测试中取得了最前沿水平
（SOTA）的结果，特别是 7B 参数的日语 LLM 在多个基准上的性
能，甚至超越了一些 70B 参数的模型。

与传统模型合并算法相比，进化算法在模型合并中展现出独
特的优势，具体表现为以下方面：

自动化探索能力：不需要基于梯度的训练，进化算法能够自
动探索大量可能的模型组合，揭示那些可能被忽视的创新且高效
的合并方案。

跨领域合并：该方法不仅适用于同一领域的模型合并，还能
跨越不同领域进行有效的模型合并，例如结合非英语语言处理与
数学或视觉任务。

高效率与泛化能力：进化算法合并后的模型在保持较少参数
的同时，展现出高效的性能和卓越的泛化能力，超越了参数数量
更多的一些现有模型。

避免过度拟合：与某些可能导致特定基准任务过度拟合的模
型合并方法不同，进化算法通过多任务性能优化，增强了模型的
泛化性。

探索新模型构建块：进化算法不仅能优化现有模型的权重，
还能探索不同模型层的堆叠方式，为创造全新的神经网络架构提
供了可能。

当与 MoE 模型进行比较时，进化算法在自动化和跨领域能
力方面展现出独特的优势，特别适合开源社区和资源受限的环
境，有助于探索新的模型结构和跨领域应用。MoE 模型则以其稀

疏性和可扩展性在处理复杂任务和大规模数据方面表现出色，适合特定任务的优化和提升。

总体而言，进化算法在模型合并中的应用为 AI 领域提供了一种创新的视角和工具，为模型性能的提升和新架构的创造开辟了新的道路。随着技术的持续进步，我们有理由期待进化算法在模型合并中的进一步应用，为 AI 的未来探索和创新带来更多机遇和可能性。

具身智能——智能科学的新篇章

圣塔菲研究所学者梅拉妮·米歇尔（Melanie Mitchell）教授在《科学》（*Science*）杂志上发表了一篇文章，名为《通用人工智能的本质之辩》（*Debates on the Nature of Artificial General Intelligence*），她在这篇文章中提出了对人工智能领域内关于 AGI 的深刻见解和质疑。她指出，尽管 AGI 这一概念在科技巨头、政府策略以及公共讨论中无处不在，但其确切含义及潜在影响仍是一个引起广泛争论的话题。米歇尔特别强调了正确理解具身智能技术的重要性，即智能与身体、环境的密切联系，这一点在人工智能的发展中往往被忽视，而本书也完全同意这个观点，将具身智能作为通往 AGI 的重要路径，以及智能科学的研究方向。

事实上，作为智能科学研究的一个重要分支，具身智能强调了身体在认知过程中的基础性作用。它挑战了传统人工智能对于智能的理解，即智能仅仅作为大脑中的抽象处理过程。具身智能相关学者认为，智能是与身体的感觉、动作能力以及与环境的互动紧密相连的。这种观点与认知科学、心理学以及神经科学的发现相呼应，表明人类的智能不仅是大脑的功能，还包括身体和环境的参与。

在本书中，我们深入探讨了这一概念，并尝试将具身智能的理论与人工智能的实践相结合。我们认为，为了实现真正的通用人工智能，我们必须超越当前以优化特定奖励函数为目标的 AI 系统，转而发展能够理解并与世界动态互动的智能体。这种智能体将能够利用其整个身体与环境进行交流，通过感知和行动的统一来完成复杂的认知任务。在代序中，我们讨论了智能新纪元的到来，以及世界模型在具身智能中的核心地位。本书第一部分涵盖了身体如何塑造我们的思维、具身智能的方法论，以及智能的定义与核心概念理解等多个方面。在本书第二部分，我们深入探讨了具身智能的深邃世界，包括具身智能与认知的统一、通向通用人工智能的桥梁，以及自然智能与人工智能原理探索。第三部分则转向实践，讨论了具身智能的实践应用和未来篇章。

在深入探讨具身智能的过程中，我们不可避免地触及了大脑如何为世界建模这一根本性问题。正如哲学家与认知科学家安迪·克拉克（Andy Clark）在其著作《预测算法：具身智能如何应对不确定性》（*Surfing Uncertainty: Prediction, Action, and the Embodied Mind*）中所阐述的，智能系统的现象经验并非仅归功于大脑这一"肉质器官"，而是大脑、身体、行动和环境整合的结果。这种整合揭示了复杂动力系统如何灵活适应并探索世界。本书也引用了伦敦大学学院教授卡尔·弗里斯顿基于著名的"自由能原理"搭建的预测加工框架来解释具身智能的内在机理和智能的原理，尝试为认知神经科学、认知心理学、认知机器人学，或一切无法绕开认识论前提的实证科学分支提供心智现象的通用机制的理论解释。

具身智能的核心在于认识到智能并非孤立于物理形态之外，而是与身体和环境紧密相连。这种观点与自由能原理相呼应，后者被认为是自达尔文自然选择理论之后最包罗万象的思想之一。自由能原理试图从物理、生物和心智的角度提供智能体感知和行动的统一性规律，从而对人工智能研究具有重要的启发意义。在具身智能的框架下，感知不再被视为单纯的数据输入过程，而是预测和解释环境的主动行为。这种主动性体现在大脑不断地生成预测，并使用传入的感觉信息来更新这些预测。这一过程不仅涉及自下而上的感官信息处理，也涉及自上而下的预测加工，其中大脑利用已有的知识来生成对世界的期望。我们也注意到，多层预测编码（Hierarchical Predictive Coding）是这一过程的关键机制，它通过深度多层级联使用关于现实世界的知识，尝试自行生成感知数据的虚拟版本。这种方法强调预测误差的重要性，即实际传入的信号与预测信号之间的差异。这种差异或"意外"是感知和学习过程中的关键驱动力，促使智能体调整其内部模型以更好地适应环境。

此外，具身智能的观点还挑战了传统的人工智能方法，后者往往侧重逻辑和符号处理，而忽视了身体和环境在智能中的作用。具身智能强调身体在认知过程中的基础性作用，认为智能是与身体的感觉、动作能力以及与环境的互动紧密相连的。这种观点促使我们重新思考机器智能的设计，探索如何将身体和环境的动态整合到智能系统中。在这一背景下，未来的人工智能可能不仅是算法和计算过程的产物，更是能够通过与环境的动态交互学习和适应的系统。这种系统将更好地理解复杂情境，生成更为精确的预测，并以更加灵活和适应性强的方式行动。

总之，具身智能为我们提供了一种全新的视角，以理解智能的本性和潜力。通过将大脑、身体和环境视为一个整体的系统，我们可以更深入地探索智能如何产生，并开发出能够更好地与世界互动的智能技术。这种探索不仅对人工智能领域具有重要意义，也为我们理解人类和其他动物的认知能力提供了新的洞见。

本书是我们研究具身智能这一前沿方向的初步思考，随着对具身智能理解的不断深入，我们期待着与人类智能相匹敌（甚至超越人类智能）的智能体。我们需要回归到智能的本质，尤其是通过对生物智能（包括脑科学等领域）的研究获得真知灼见。这不仅是技术创新上的挑战，也是对人类智能本质的深刻探索。我们期待与读者共同见证这一智能科学的新篇章。

刘志毅

2024 年 7 月

写于上海